r(1845-1918)
G.W. Leibniz (1646-1716) G. Monge (1746-1818)
Napier (1550-1670) G. Galilei (1564-1642) R. Descartes (1596-1650)
rchimedes (287-211 v.u.Z.)

Friedrich Kaden
Kleine Geschichte der Mathematik

FRIEDRICH KADEN

Kleine Geschichte der Mathematik

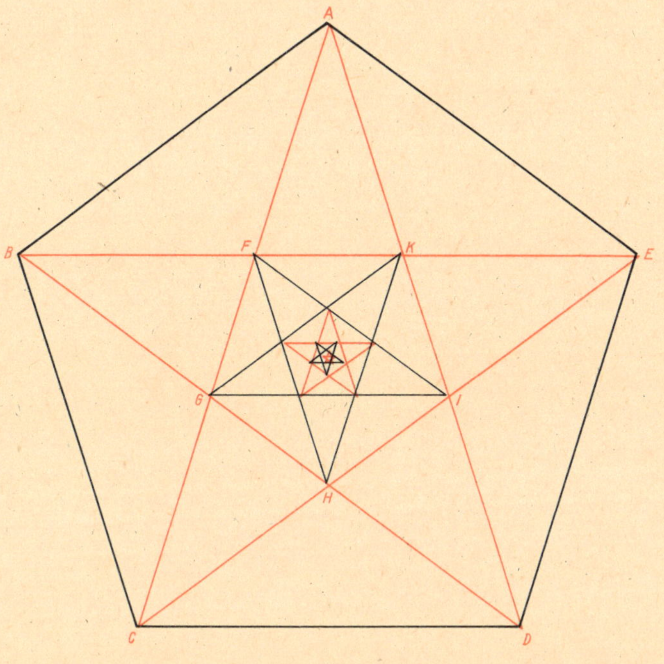

Der Kinderbuchverlag Berlin

Illustrationen von Wolfgang Freitag

Der Punkt neben einer Aufgabenstellung bezeichnet die Aufgaben, deren Lösungen im Buch angegeben sind.

ISBN 3-358-00121-0

2. Auflage 1987

Lizenz-Nr. 304-270/362/87-(45)
Satz und Repro: IV/10/5 Druckhaus Freiheit Halle
Druck und buchbinderische Verarbeitung: Karl-Marx-Werk Pößneck V 15/30
LSV 7841
Für Leser von 11 Jahren an
Bestell-Nr. 631 854 0
01250

INHALTSÜBERSICHT

SPROSSE FÜR SPROSSE

„Ligget se“

Die Karwatsche, eine Lederpeitsche, in der Hand, schritt Lehrer Büttner im Klassenzimmer auf und ab. Er hatte seinen Kleinen, die 1784 in die Katharinenschule zu Braunschweig aufgenommen worden waren, eine schwierige Aufgabe gestellt. Sie sollten die natürlichen Zahlen von 1 bis 100 addieren. Und wehe denen, die damit nicht zurechtkamen! Sie mußten darauf gefaßt sein, daß ihre Rechnungen mit der Peitsche „korrigiert“ wurden. So beugten sich die Neun- und Zehnjährigen ängstlich über ihre Schiefertafeln und kritzelten Zahl um Zahl.

Nur einer, der Kleinste von allen, schien kaum etwas zu schreiben. Schon nach wenigen Minuten – oder waren es nur Sekunden? – stand er auf, ging zu dem Tisch, der vor den Bankreihen stand, und legte seine Tafel, wie es Brauch war, dort ab. „Ligget se“ („Da liegt sie“), bemerkte er in seinem heimatlichen Dialekt zu Lehrer Büttner. Der lächelte mitleidig. Das Ergebnis schaute er sich gar nicht erst an. „Unmöglich“, mag er gedacht haben, „daß so ein Knirps wie dieser Carl Friedrich hundert Zahlen in so kurzer Zeit zusammenzählt.“ Wie lange hätte er, der Lehrer, wohl dazu gebraucht? Der fixe Rechner, ein etwas schüchterner Junge, saß indessen so gelassen auf seinem Platz, als ob er die Peitsche nicht zu fürchten brauchte. Während er in die Runde schaute, schrieben die anderen ihre Zahlenkolonnen: $1 + 2 = 3$, $3 + 3 = 6$, $6 + 4 = 10$, $10 + 5 = 15$ und immer so weiter, bis endlich – als letzter Summand – die 100 erreicht war. Was für eine langwierige Sache, 99 Additionsaufgaben! Ein kleiner Fehler, schon wurde *alles* falsch, und es drohte die Karwatsche. Lange mußte Lehrer Büttner auf die weiteren Rechentafeln warten. Erst am Ende der Stunde bildeten sie auf seinem Tisch ein wackliges Türmchen. Sie mußten nämlich, nach der Reihenfolge der Abgabe, Kante auf Kante übereinandergestapelt werden.

Nachdem nun der Lehrer, wie üblich, den ganzen Stoß gewendet hatte, lag zuoberst die Tafel mit dem Ergebnis des kleinen Carl Friedrich Gauß. Es lautete – ohne irgendeine Rechnung –: 5050. Der gestrenge Herr Büttner war verblüfft. Die Summe stimmte. Die

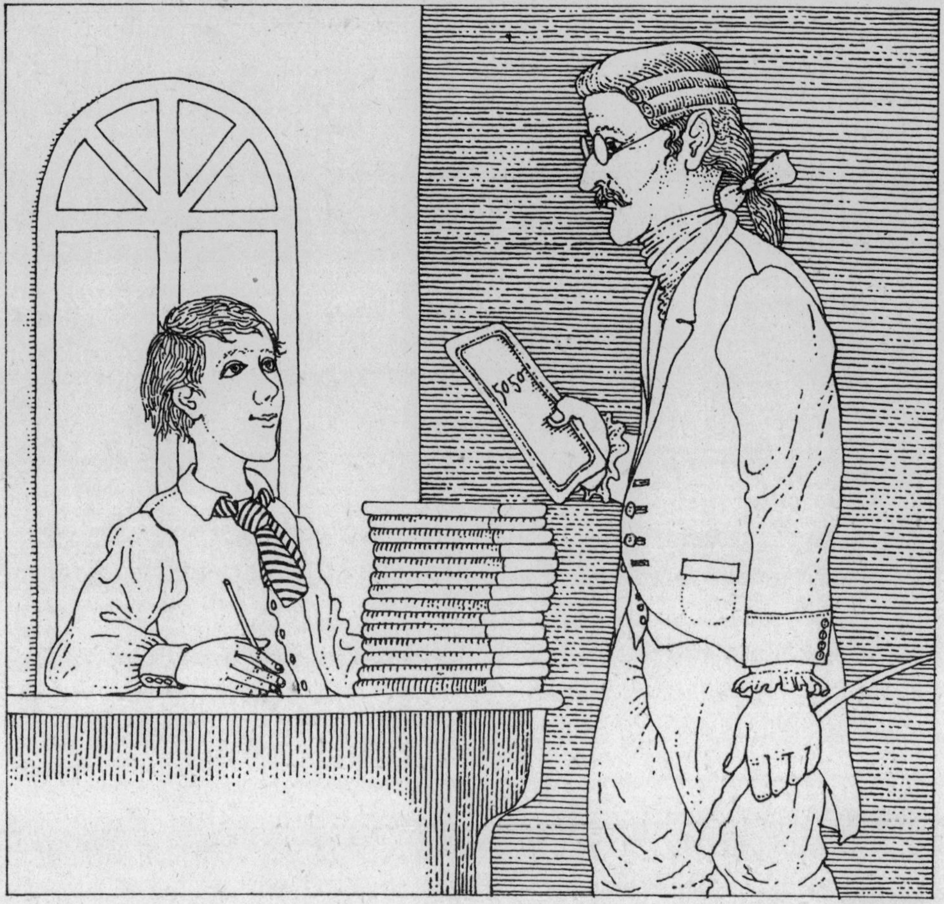

meisten anderen hingegen nicht. „Ganz einfach“, erläuterte der junge Gauß seine Überlegung, „ich habe nur 50 mal 101 gerechnet.“

Jetzt hätte der Schulmeister etwas ganz Außergewöhnliches tun sollen, vielleicht seine Karwatsche verbrennen; denn er durchlebte soeben einen denkwürdigen Augenblick. Ja, diese Rechenstunde, die er eigentlich nur angesetzt hatte, um ein wenig verschnaufen zu können, machte ihn beinahe unsterblich. Wer wüßte heute, nach 200 Jahren, noch seinen Namen zu nennen, wenn er damals nicht jene Aufgabe gestellt und jene brillante Lösung erhalten hätte.

Aus dem Kleinsten der Klasse, Carl Friedrich Gauß, wurde einer der größten Mathematiker aller Zeiten. Noch im hohen Alter erzählte der „Fürst der Mathematiker“, wie ihn seine Fachkollegen in aller Welt nannten, gern von dem Trick, mit dem er seinen ersten

Lehrer überlistet hatte. Er addierte die Zahlen nicht der Reihe nach, sondern bildete aus der ersten und der letzten (1 + 100), der zweiten und der vorletzten (2 + 99), der dritten und der drittletzten (3 + 98) und so weiter jeweils die Summe 101. Das ergibt 50 solcher Paare und damit das Endergebnis 5050.

So einfach, so leicht zu verstehen. Nur daraufkommen muß man.

Zählen, eine Kleinigkeit?

Gauß baute mit an einem gewaltigen Gebäude. Das wuchs und wuchs und wächst und wächst und wird trotzdem nie fertig. Schon vor vielen Jahrtausenden wurden seine Fundamente gegründet, und die Bauleute kamen und kommen aus aller Welt. Anfangs ging die Arbeit sehr, sehr langsam voran. Doch mit der Zeit nahm das Tempo zu, so daß die oberen Stockwerke schneller errichtet werden konnten als die unteren. Heute ragt es, nach oben noch offen, in schwindelerregende Höhe empor: das große Haus der Mathematik.

Seine ersten Bausteine, in der Steinzeit zusammengetragen, waren Zahlen wie 1 und 2. Sie bereiteten den Steinzeitmenschen allerhand Schwierigkeiten. Einen Fisch, einen Bären, eine Beere, einen Baum, einen Felsbrocken – das sahen sie, das konnten sie sich vorstellen, davon konnten sie träumen, sind es doch wahrnehmbare, mit einem Fremdwort ausgedrückt, konkrete Gegenstände. Aber Zahlen? Sie lassen sich weder anfassen, noch riechen oder brummen sie. Man fand sie nirgendwo vor, sondern man mußte sie sich erst ausdenken. Im Gegensatz zu den konkreten, greifbaren Dingen sind es nur erdachte Begriffe, abstrakte, wie man auch sagt. Darum dauerte es sehr lange, bis die Menschen, die in Höhlen lebten und ihre Werkzeuge und Waffen aus Steinen fertigten, das Zählen lernten. Erst nach vielen Generationen erreichten sie eine Stufe, auf der sie mit Zahlen so umgehen konnten wie heute ein sechsjähriges Kind. Zuerst unterschieden Höhlenbewohner wahrscheinlich nur zwischen „viel“ und „wenig“, als nächstes vielleicht zwischen „eins“ und „viel“ und „eins“ und „zwei“. Die aufkommenden Zahlwörter waren fest mit den gezählten Gegenständen verbunden und hatten dadurch ein einprägsames „Gesicht". Niemand vermochte sich eine Drei oder eine Fünf vorzustellen. 3 Speere oder 5 Finger – das war zu begreifen, zuerst mit den Händen, dann mit dem Kopf.

Bei der Ausrüstung der Jäger, bei der Verteilung der Jagdbeute oder bei Begegnungen mit anderen Menschengruppen mußten schon frühzeitig Mengenvergleiche angestellt werden. Obwohl man mit dem Zählen noch nicht zurechtkam, konnte man sich doch auf eine denkbar einfache Weise behelfen, indem man reihum zuordnete, beispielsweise ein Mann – ein Speer, ein Mann – ein Speer usw. Sicherlich wurden so auch die ersten Divisionsaufgaben gelöst.

Es vergingen Jahrhunderte und Jahrtausende, bis man die Zahlen von den Gegenständen abkoppelte. Reste ihrer Abhängigkeit gibt es noch immer. Zum Beispiel heißen auf einer Südseeinsel 10 Kähne „bole", 10 Kokosnüsse aber „karo". Um zu erkennen, daß 10 gleich 10 ist, muß man abstrahieren, verallgemeinern! Anfangs waren die Menschen dazu noch nicht fähig. Auch viele Schulanfänger brauchen noch die Anschauung. Es fällt ihnen leichter, 3 Äpfel und 2 Äpfel zu addieren, als die abstrakte Aufgabe 3 + 2 zu lösen.

Zu den Zahlen 1, 2, 3 ..., die wir die natürlichen Zahlen nennen, gesellten sich nach und nach noch andere, wie $\frac{2}{3}$, -5 oder $\sqrt{3}$. Sie waren das Ergebnis menschlichen Denkens in einer jahrtausendelangen Entwicklung. Aber noch heute gibt es Leute, die nur die natürlichen Zahlen für „richtige" Zahlen halten.

Ursprünglich verwandte man zu einer so „schwierigen Sache" wie dem Zählen überall Hilfsmittel: unter anderem Finger, Zehen, Knöchel, Knoten und Kerben, Häufchen von Steinen oder Mu-

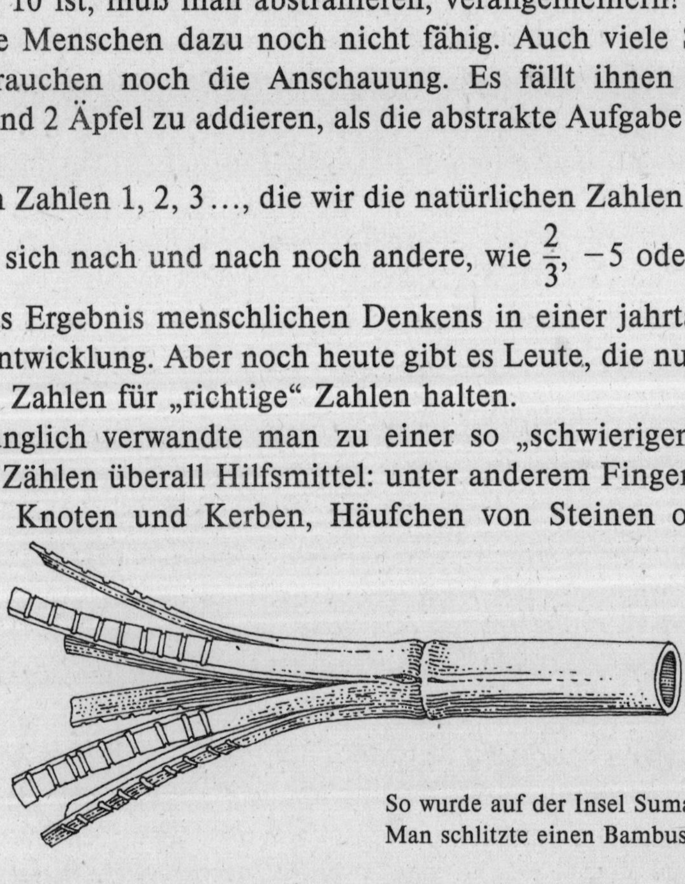

So wurde auf der Insel Sumatra gezählt: Man schlitzte einen Bambusstock auf.

scheln. So konnten zum Beispiel riesige Viehherden von Züchtern, die bei 10 am Ende ihrer Zahlenkenntnisse waren, mengenmäßig dennoch erfaßt werden. Nötigenfalls mußten sie sich zu einem „Zählerkollektiv“ zusammenschließen. Mit Hilfe ihrer Hände wuchsen ihre Rechenkünste ins unermeßliche. Dabei verlangt das Verfahren gar keine großen Fertigkeiten: Der erste zählt immerfort die Einer. Nachdem er zum erstenmal 10 Finger ausgestreckt hat, zeigt der zweite eine „1“ an, einen Zehner also. Das wiederholt sich, bis der zehnte Zehner (zwei volle Hände) vorgewiesen wird. Dann gibt der dritte den ersten Hunderter an, und das Spiel beginnt von neuem, wobei die „vollen Hände“, je nach der Placierung des Zählers, nichts anderes als Zehnerpotenzen darstellen:

$10^1 = 10, \quad 10^2 = 100, \quad 10^3 = 1\,000,$
$10^4 = 10\,000$ usw.

Von solchen Kenntnissen waren die steinzeitlichen Viehzüchter freilich noch meilenweit entfernt. Immerhin ließe sich nach der Methode, die sie angewandt haben könnten, auch die stadionfüllende Besucherzahl eines Fußballänderspiels an den Fingern abzählen. 5 Mann kämen bis 100 000.

Von Kerben und Potenzen

Leicht könnte bei derartigen Fingerkunststücken eine kleine Unachtsamkeit die ganze Rechnung zunichte machen. Darum waren die Menschen schon, als sie noch als Jäger und Sammler lebten, darauf bedacht, die Ergebnisse ihrer mathematischen Mühen irgendwie festzuhalten. Dafür gibt es Belege aus fernster Vergangenheit. So wurde 1937 auf dem Gebiet der heutigen ČSSR ein über 10 000 Jahre alter Wolfsknochen gefunden, der die Zahl 55 in Form tief eingeschnittener Kerben auswies. Jeweils 5 Kerben waren zu einem Bündel zusammengefaßt worden, so daß die Endsumme schnell erfaßt werden konnte. Was mochte sie bedeutet haben? Vielleicht die Anzahl der Stammesmitglieder.

Später zählten Menschen, die für lange Zeit von der Außenwelt abgeschnitten waren, auf ähnliche Weise ihre Tage: Weltumsegler, Gefangene, Schiffbrüchige wie Robinson Crusoe. Sie ritzten in

Planken, Balken und Bäume. Wer Formulare, Wahlergebnisse oder ähnliches abzählen muß, hilft sich noch heute mit Strichlisten, wobei die Bündelung von Fünfergruppen noch immer üblich ist.

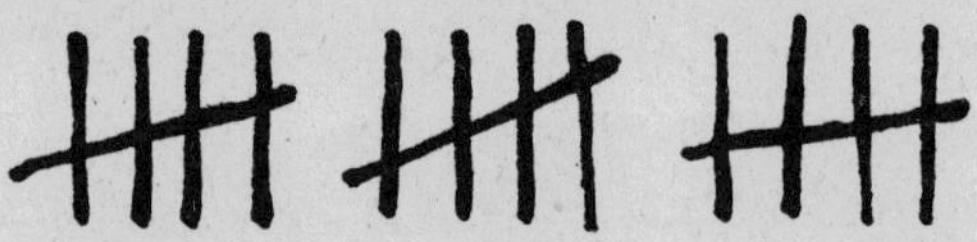

Fünferbündel, ein bewährtes Zählhilfsmittel

Schließlich gab es auch regelrechte Kerbhölzer. Sie dienten neben anderem zum „Aufschreiben“ von Schulden. Wer auf fremde Kosten lebte, der hatte „viel auf dem Kerbholz“. (Heute beziehen wir diese Redensart auf alle möglichen Delikte.)

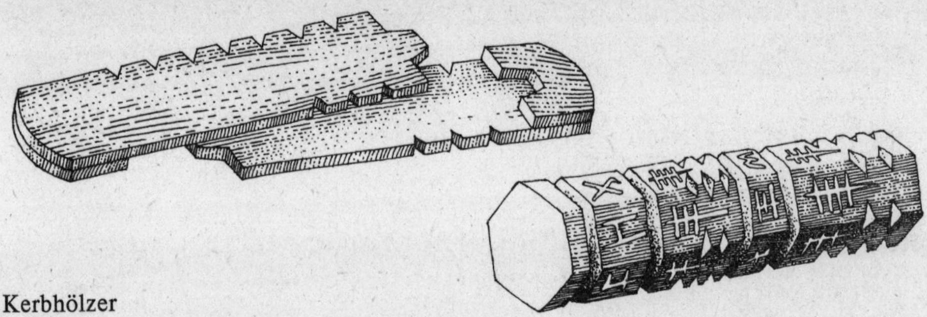

Kerbhölzer

Sehr große Zahlen eigneten sich allerdings nicht zu dieser Art der Darstellung. Sie verlangten nach kürzeren und übersichtlicheren Formen. Gut zu helfen wußten sich die Ägypter. Schon vor fast

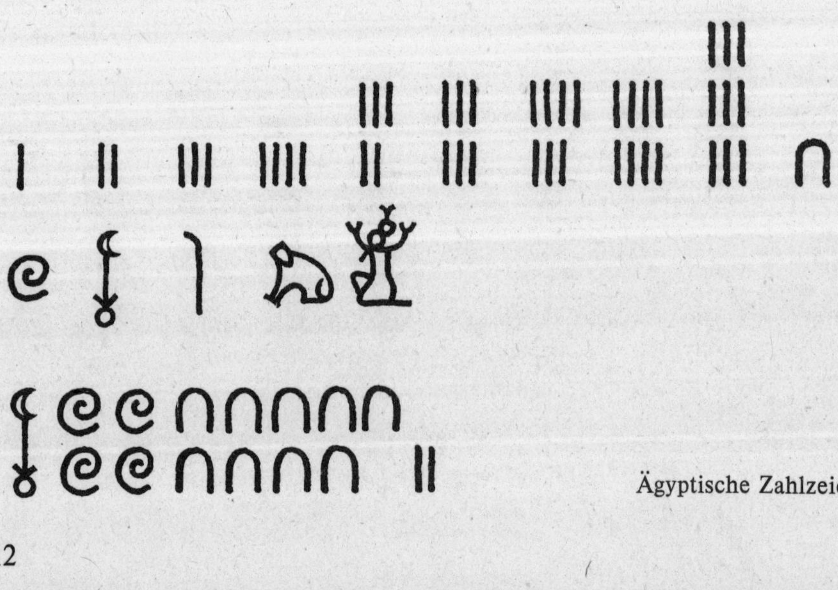

Ägyptische Zahlzeichen

4 000 Jahren ersannen sie besondere Zahlzeichen. Jede Zehnerpotenz bis zur Million erhielt ihr eigenes Symbol: einen Strich (= 1), einen U-förmigen, aber nach unten offenen Bogen (= 10), eine halb zusammengerollte Meßleine (= 100), eine Lotosblume (= 1 000), einen Schilfkolben (= 10 000), einen Frosch (= 100 000) sowie den ägyptischen Gott des Luftraums (= 1 000 000). Alles Dinge, worin sich die Bewohner des Niltals gut auskannten. Es ist nicht schwer, solche Zahlen zu lesen. Man braucht nur die einzelnen Zeichen zu addieren.

Welche Summe ergibt sich aus den in der Zeichnung links unten dargestellten Zeichen?[1]

Erst viel später setzte sich, und zwar weltweit, unsre heutige Zahlenschreibweise durch. Doch damit befassen wir uns in einem anderen Abschnitt. Nur eine Frage sei schon hier gestellt: Warum brauchen wir nur für die Einer verschiedene Zeichen, nicht aber, wie die alten Ägypter, für jede Zehnerpotenz?[2]

Muster, Formen und Maße

In Funden aus alter Zeit begegnen uns nicht nur Zahlen, sondern auch die verschiedensten geometrischen Formen. So verzierten bereits die Menschen der jüngeren Steinzeit (4500 bis 1800 v. u. Z., vor unserer Zeitrechnung) ihre Tongefäße mit vielfältigen Mustern, unter anderem mit Quadraten, Dreiecken und Kreisen. Oft finden sich kunstvolle, in den Ton gebrannte Linienzüge. Auch

wurden Figuren in bestimmte Flächen einbeschrieben, zum Beispiel Kreise in Dreiecke. Zeugnisse für diese Verbindung von Kunst und Geometrie zeigten sich beispielsweise bei Funden aus Ungarn, Jugoslawien, Griechenland, Ägypten und dem Irak.

Ist das nicht ein Widerspruch bei den Steinzeitmenschen, auf der einen Seite die Schwerfälligkeit im Rechnen, auf der anderen die Kunstfertigkeit im Umgang mit geometrischen Formen? Man muß bedenken, daß die Geometrie in vielem anschaulichere Züge hat als die Arithmetik (arithmos = Zahl). Außerdem geben solche Funde zwar Auskunft über das handwerkliche Können der Menschen jener Zeit, aber nicht in gleichem Maße über das Denkvermögen ihrer Gehirne. Vielleicht gab es Rechenkünstler schon früher, als wir annehmen.

Sehr anschaulich waren die ersten Maßeinheiten. Aber selbst bei gleicher Benennung wichen sie vielfältig voneinander ab. Für Längenmessungen wurden sie größtenteils von menschlichen Körperteilen abgeleitet: von Händen, Füßen und Armen. Noch heute gebrauchen wir Ausdrücke wie „eine Handbreit“ oder „fingerdick“, und wir singen das Lied vom spannenlangen Hansel. Die Elle ist eigentlich einer unsrer beiden Unterarmknochen (in Verlängerung des kleinen Fingers). Aber als weitverbreitetes Vergleichsmaß erscheint sie erheblich länger als das natürliche Vorbild. In Ägypten und anderswo bezog man die Hand bis zur Spitze des ausgestreck-

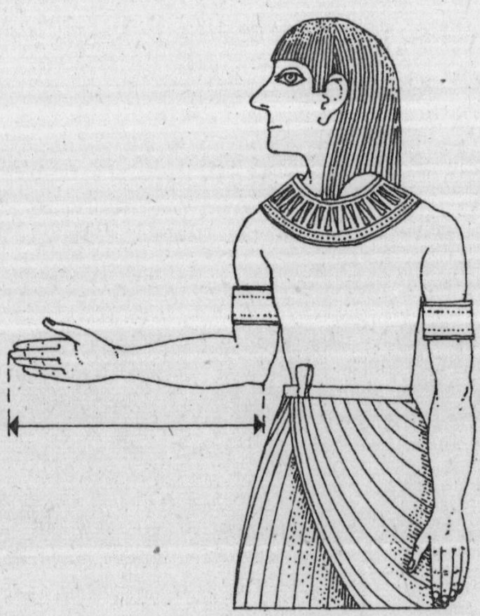

Ägyptische Elle

Mit der Elle messen

ten Mittelfingers mit ein. Besonders Stoffe – und schon die Menschen in der jüngeren Steinzeit begannen zu weben – wurden „mit der Elle gemessen“. Doch von Gegend zu Gegend und von Land zu Land unterschieden sich die Ellenmaße sehr voneinander, so, als ob die einen das Maß von Riesen, die anderen aber von Zwergen entnommen hätten. Allein in Deutschland tauchten später 132 verschiedene Ellen auf.

Ähnlich verhielt es sich mit Hand- und Fingerbreiten (in Ägypten $\frac{1}{7}$ bzw. $\frac{1}{28}$ der Elle) sowie mit Klaftern, der Spanne zwischen den Fingerspitzen bei seitlich ausgestreckten Armen.

Als die ersten Häuser gebaut wurden, brauchte man „Seilspanner“. Sie ließen gefärbte Leinen auf eine geeignete Unterlage schnellen. So erhielten sie „schnurgerade“ *Linien.* (Man erkennt: Dieses Wort ist von „Leine“ abgeleitet.) Die höchste Kunst dieser Seilspanner bestand jedoch darin, Seile zu rechten Winkeln auszuspannen.

Näheres darüber folgt in einem späteren Kapitel.

Das Leben – der erste Mathematiklehrer

Neues im Leben der Stämme und Völker führte stets auch zu neuen Bausteinen für das Haus der Mathematik. Die umherstreifenden Jäger und Sammler dachten nicht an den Hausbau. Feste Häuser wären für sie eine Fessel gewesen. In ihren Zelten und Hütten auf ihren zeitweiligen Rastplätzen bedurften sie keiner geraden Linien und rechten Winkel. Auch das Zählen spielte für sie keine große Rolle. Hauptsache, sie wurden satt und hatten genügend Felle für ihre Bekleidung, Werkzeuge und Waffen zum Fischen und Jagen bzw. zur Essenbereitung. Mit dem allmählichen Übergang zur Seßhaftigkeit, als die Menschen Pflanzer und Tierhalter wurden, entwickelten sich bei ihnen neue Bedürfnisse. Sie begannen zum Beispiel, Häuser zu bauen und Felder zu bewirtschaften und mußten lernen, zu messen und zu vergleichen. Auch andere Arbeiten erforderten neue Fertigkeiten. Zum Beispiel webte man Stoffe, buk Brot, braute Bier und legte Vorratsspeicher an. Findige Köpfe ersannen die Töpferscheibe und das Wagenrad.

Aber solche Fortschritte setzten in den einzelnen Lebensräumen zu sehr unterschiedlichen Zeiten ein. In den ältesten Siedlungsgebieten, wo Menschen schon vor 50 000 Jahren in größeren Gruppen zusammenarbeiteten, entwickelten sich das Denken und die Sprache sowie die Zahl- und Raumvorstellungen früher als anderswo.

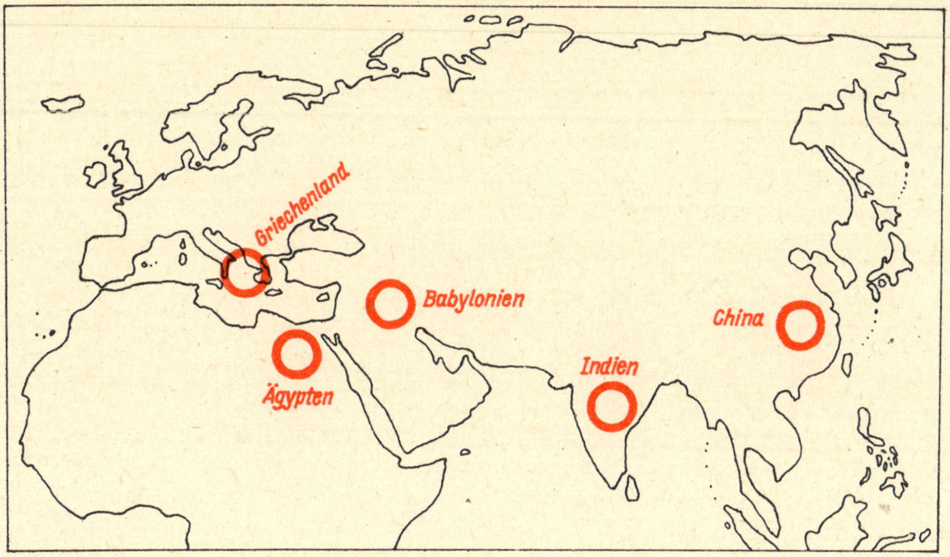

Mathematische Zentren des Altertums

Daraus entstanden bedeutende Unterschiede. Während zum Beispiel in Babylon, der größten und prächtigsten Stadt des Altertums, schon die Wissenschaften aufblühten, hatte die Menschheitsgeschichte in dem Gebiet, in dem wir heute leben, noch gar nicht begonnen. Großenteils von Urwäldern bedeckt, war es noch Tummelplatz wilder Tiere. In ihrer Lebensweise sind einige weltabgeschieden lebende, kleine Menschengruppen bis heute nicht über das Steinzeitalter hinausgelangt. Kann man von ihnen etwa Beiträge zur Höherentwicklung der Mathematik erwarten?

Die ungleichmäßige Entwicklung der Menschen wurde noch dadurch verstärkt, daß neue Erkenntnisse nur langsam oder überhaupt nicht weiterdringen konnten; denn Ozeane, Urwälder und Gebirge trennten die Völker viel stärker als heute. In unseren Tagen sorgen Zeitschriften und Bücher, Telefone, Radio- und Fernsehapparate für eine schnelle und weltweite Verbreitung neuer Ideen. Hingegen erfuhren die Indianer im Altertum nichts von den Errungenschaften der Babylonier – und umgekehrt. Darum wurde manches doppelt und dreifach erfunden.

Schon Jahrtausende vor Beginn unserer Zeitrechnung erschmolzen in einigen Ländern die ersten „Hüttenwerker“ aus Erzen Metalle. Zuerst Kupfer. Weil die Waffen und Werkzeuge, die man daraus herstellte, jedoch zu weich waren und sich sehr schnell abnutzten, fügte man später dem Kupfer Zinn hinzu. So entstand Bronze, und es setzte ein neuer großer Entwicklungsabschnitt ein: die Bronzezeit. Ihr folgte die Ära des Eisens. Über beide gehen wir hinweg und wenden uns noch einmal der Zeit von Gauß zu.

Die Menschheit hatte zu seiner Zeit bei ihrem Aufstieg schon viele Sprossen der Entwicklung erklommen. Ging es – um ein Beispiel anzuführen – im alten Ägypten noch um das grobe Ausmessen von Feldern, so mußte nunmehr der Flächeninhalt ganzer Länder (zerlegt in deutlich markierte Dreiecke) genau bestimmt werden. Dazu leitete und leistete der „Fürst der Mathematiker" in seiner Heimat jahrelang umfangreiche Vermessungsarbeiten. Einmal, als sein Reisewagen umstürzte, wäre er fast unter seinen schweren eisernen Meßinstrumenten begraben worden. Insgesamt umfaßten Gauß' Berechnungen mehr als eine Million Zahlen. Aber er hielt derartige Anwendungen nicht für die Krone der Mathematik. In einem Brief an einen Freund schrieb er: „Alle Messungen der Welt wiegen nicht ein Theorem (einen Lehrsatz, d. Autor) auf, wodurch die Wissenschaft von den ewigen Wahrheiten vorangebracht wird."

Die Geschichte der „Wissenschaft von den ewigen Wahrheiten" bestätigt es: Auch ohne direkte Verbindung zur wirtschaftlichen Entwicklung wurden bedeutende mathematische Entdeckungen gemacht. Nicht selten eilten die großen Denker ihrer Zeit weit voraus. Zum Beispiel ersann der Engländer Charles Babbage (1792 bis 1871) einen Rechenautomaten, der selbsttätig nach einem vorgegebenen Programm arbeiten sollte. Aber in die Praxis umgesetzt werden konnte seine Idee damals nicht, denn noch fehlten die technischen Voraussetzungen dafür.

Schließlich gelang es den Mathematikern sogar, das Unendliche exakt zu erfassen. Das war eine ihrer größten Leistungen, so daß ihr Fach mitunter als die Wissenschaft vom Unendlichen bezeichnet wird. Wir werden darauf noch mehrmals eingehen.

Von der Erdhöhle zum Raumschiff

Gauß war nicht nur Mathematiker. Viele Jahre lang leitete er die Sternwarte in Göttingen und war hauptberuflich Astronom. Trotzdem setzte er seine mathematischen Arbeiten fort. Damit bildet er keine Ausnahme, denn gleich ihm verbanden viele Gelehrte die „Wissenschaft vom Unendlichen“ aufs engste mit der von den Sternen.

Erste astronomische Kenntnisse eigneten sich bereits die Jäger und Sammler an. Während wir uns in unbekanntem Gelände nach Karte und Kompaß orientieren, mußten sie ihren Weg von neuen, ergiebigen Jagd- und Sammelgründen zurück zu ihren Rastplätzen (und umgekehrt) mit Hilfe der Sonne, des Mondes und der Sterne zu finden versuchen. Auch die Hochseefahrer und Weltumsegler, wie Leif Erikson, Christoph Kolumbus oder Fernão de Magalhães, bedienten sich später dieser Methode.

Sehr wahrscheinlich erkannten Beobachter schon vor vielen tausend Jahren am Himmel einige gesetzmäßige Erscheinungen. Als die wichtigste sicherlich die: Alle Sterne beschreiben Kreise. Nur einer nicht: der Polarstern. Er scheint auf der Stelle zu verharren. Also kann man sich nach ihm orientieren. Genau entgegengesetzt

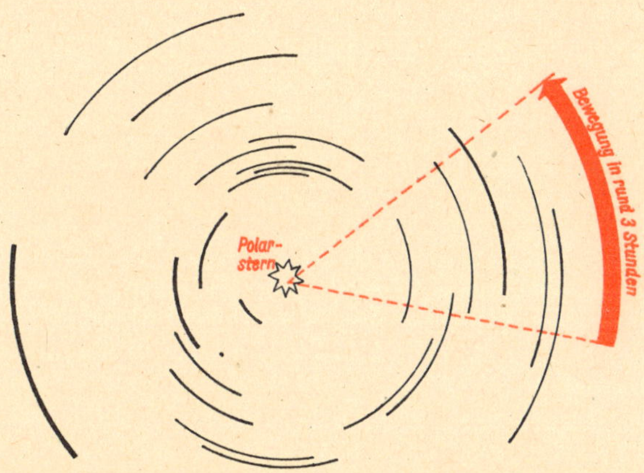

Der nördliche Sternhimmel scheint um den Polarstern zu kreisen. In Wirklichkeit dreht sich die Erde um ihre Achse.

zu diesem ruhenden Himmelspol steht die Mittagssonne. Sie befindet sich über dem Südpunkt, der Polarstern über dem Nordpunkt des Horizonts. Die Verbindungsgerade (durch den Beobachtungsort) ist die Nord-Süd-Linie. Daß sich die steinzeitlichen Astronomen in Himmelsrichtungen und -winkeln auskannten, beweisen ihre hinterlassenen „Denkmäler“. Zum Beispiel markierten sie vielerorts die Blickrichtung zu den Auf- und Untergangspunkten der Sonne zu Beginn der vier Jahreszeiten. Dazu reihten sie, von meist kreisförmigen Kultstätten aus, große Felsbrocken aneinander.

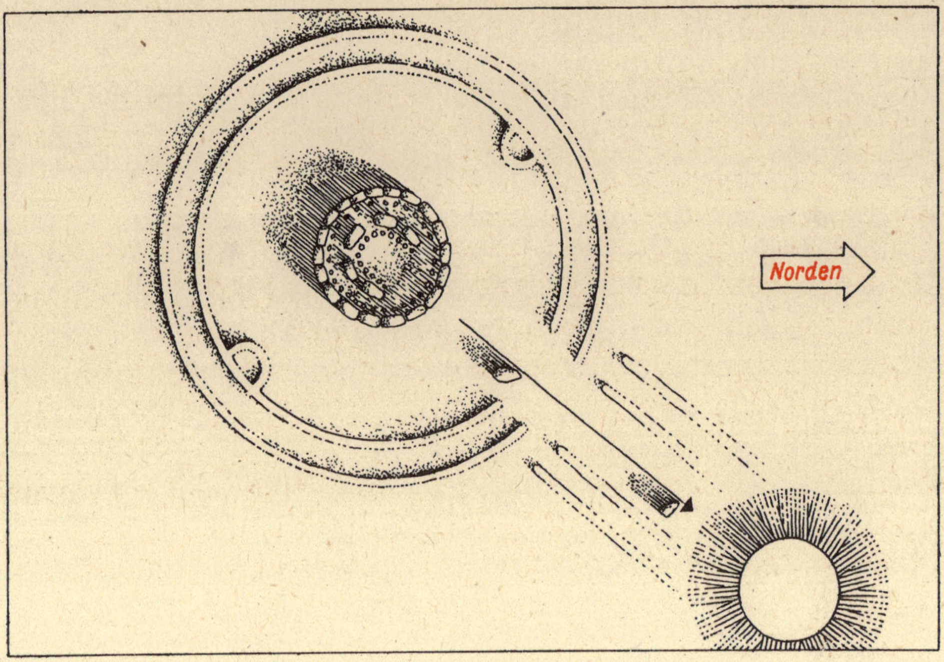

Grundriß eines steinzeitlichen Sonnendenkmals in Stonehenge, Südengland. Der Pfeil zeigt zum Aufgangspunkt der Sonne zur Sommersonnenwende.

Hatte die Sonne ihren jeweils tiefsten bzw. höchsten Mittagsstand erreicht, wurde Sonnenwende gefeiert. Zeugt nicht auch das von aufmerksamer Beobachtung?

Große Furcht löste bei den Völkern in urgeschichtlicher Zeit das Verschwinden der Sonne bei heiterem Himmel aus. Sie glaubten, ein böser Drache (zum Beispiel) habe ihr Tagesgestirn verschlungen, und es käme großes Unglück über sie. Ähnliche Vorstellungen erzeugte die Verdunkelung des Mondes. Aber die klügsten Himmelsbeobachter in den Ländern, in denen die Wissenschaft am weitesten entwickelt war, so in Babylonien und in China, sahen die Ursachen richtig. Sie wußten schon in frühester Zeit, daß derartige Finsternisse einzig und allein vom Winkel zwischen Erde, Mond und Sonne abhängen. Mehr noch: Sie versuchten, solche Ereignisse vorauszuberechnen. Das war bereits eine viel höhere mathematisch-astronomische Stufe als das bloße Beobachten. Daß nicht alles genau zutraf, lag daran, daß wichtige Naturgesetze erst viel später entdeckt wurden.

Sprosse für Sprosse stieg die Menschheit auf der Stufenleiter der

Entwicklung empor. Einen aufsehenerregenden Höhepunkt brachte der 4. Oktober 1957.

An diesem Tag beförderte eine mächtige Rakete von Baikonur in der Kasachischen Sowjetrepublik aus den ersten künstlichen Satelliten ins Weltall. Wie der Mond umkreiste „Sputnik 1" monatelang die Erde. Antriebslos. Allein nach den Gesetzen der Himmelsmechanik. Nach Berechnungen blitzschnell operierender Automaten. Hatte der Mensch bis zu diesem historischen Tag kosmische Vorgänge lediglich beobachten und berechnen können, so war es ihm jetzt zum erstenmal gelungen, sie nachzuvollziehen, das Erforschte praktisch anzuwenden. Auf „Sputnik 1" folgten „Wostok" mit Juri Gagarin, dem ersten Menschen im Weltall, „Apollo" mit den amerikanischen Mondexpeditionen und viele andere Raumschiffe und -stationen. Sie alle hätten nicht fliegen können ohne die Mathematik, ohne den Einsatz modernster Rechenautomaten, die in Sekundenschnelle Millionen von Aufgaben lösten.

Ist es übertrieben, zu sagen, daß viele Generationen von Astronomen und Mathematikern an der Startrampe von „Sputnik 1" mitbauten?

Start eines Raumschiffs

HIMMEL UND ERDE

Wenn die Neugier nicht wär

Prometheus habe einst den Göttern das Feuer entrissen und den Menschen gebracht, erzählt eine Sage. Und schon vor eineinhalb Millionen Jahren sollen Menschen oder menschenähnliche Wesen damit hantiert haben. Auf dieses Alter wurden Funde geschätzt, die im südlichen Afrika zutage kamen: einfachste Steinwerkzeuge und Stücke gebrannten Tons. Die das herstellten, standen in ihrer Entwicklung schon hoch über den Tieren.

Kein Fund hingegen verkündet, wann den Menschen zum erstenmal die Neugier packte. Nicht die kleinliche, sondern der Drang, hinter die großen Geheimnisse des Himmels und der Erde zu kommen. Es wäre sehr verwunderlich, wenn sich die frühesten Erdenbewohner nicht die Frage gestellt hätten: Was ist das eigentlich für ein „Ding", auf dem wir leben? Irgendwann befaßten sich

Altgriechische Vorstellung: die Erde – eine flache Scheibe, umgeben von Wasser und überspannt vom Himmelsgewölbe

alle Völker damit, und nach und nach bildeten sich über die Beschaffenheit der Erde bestimmte Vorstellungen heraus. Die alten Griechen glaubten, sie sei eine große Scheibe, die ringsherum vom Wasser umspült wird. Dieses Erdbild setzte sich schließlich durch. Es beherrschte, trotz einiger anderer Meinungen, die Vorstellungen für Jahrtausende. Als Christoph Kolumbus 1492 mit seiner Flotte nach Westen segeln wollte, um nach Osten zu gelangen, erklärten ihn nicht wenige für verrückt. Ein solches Vorhaben sei, wo doch die Erde die Form eines Diskus habe, von vornherein zum Scheitern verurteilt. Wir wissen, wer recht hatte. Einige Menschen haben den Erdball schon im ganzen gesehen. Zum Beispiel die amerikanischen Astronauten Neil Armstrong und Edwin Aldrin vom Mond aus.

Der Gedanke an die Kugelgestalt der Erde tauchte schon vor 3000 Jahren auf (vgl. Kapitel „Planeten auf der Waage“, Seite 121). Doch ihn vertrat nur eine Minderheit von Gelehrten. Zu ihr gehörte Aristoteles, einer der größten Denker des Altertums; er lebte 384 bis 322 v. u. Z. Er hatte zahlreiche Mondfinsternisse beobachtet, und ihm war aufgefallen, daß sich dabei der Erdschatten auf dem runden „Mondgesicht“ immer als Kreis abbildete. Daraus zog er den Schluß, daß der Schattenwerfer die Gestalt einer Kugel haben müsse. Eine Scheibe würde, je nach ihrer Stellung zur Lichtquelle, zu wechselnden Schattenformen führen.

Das läßt sich leicht nachprüfen. Halten wir beispielsweise einen Tischtennisball in den Strahlengang einer Taschenlampe, dann

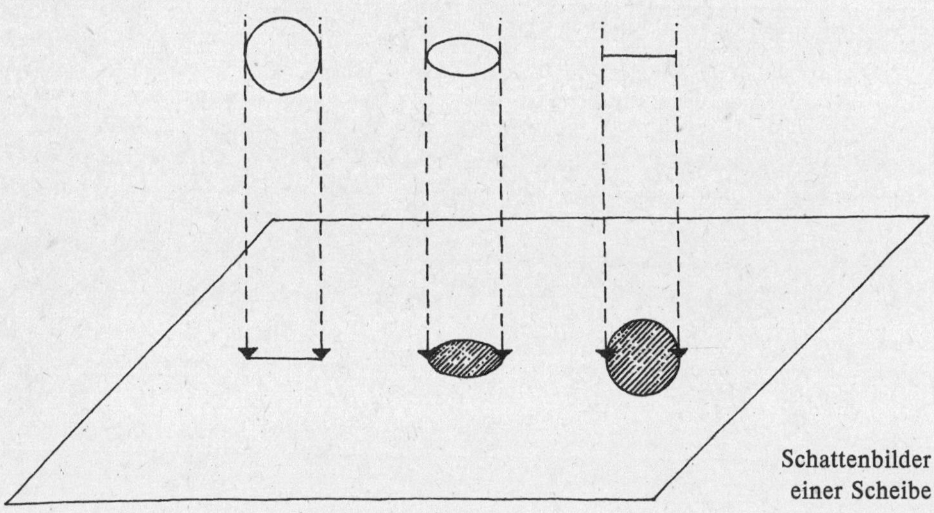

Schattenbilder einer Scheibe

können wir ihn drehen und wenden, wie wir wollen – sein Schatten (senkrecht zum Strahlenverlauf) zeichnet sich als Kreis ab. Dagegen kann das Schattenbild einer Scheibe bis zu einem Strich zusammenschrumpfen.

Der Zweig der Mathematik, der sich unter anderem mit solchen Projektionen befaßt, heißt darstellende Geometrie.

Der lange Marsch der Bematisten

Auch Eratosthenes, ein griechischer Gelehrter, der in Alexandria lebte (etwa 276 bis 194 v. u. Z.), vertrat die Ansicht, daß die Erde kugelförmig sei. Und er war neugierig. Er wollte wissen, wie groß unser Planet ist. Doch ihn auszumessen wie eine Weidefläche, das konnte überhaupt nicht in Betracht kommen. „Unendlich" lang erschien schon der Nil. Wie weit mußte sich dagegen erst die ganze Erde erstrecken! Ihr Umfang ließ sich nur mit mathematischen Methoden bestimmen, auf keinen Fall ohne die Hilfe des Himmels. Eratosthenes überlegte: Ein Winkel von 360° ergibt einen Kreis, einer von 180° einen Halb- und einer von 90° einen Viertelkreis. Also kann man das eine aus dem anderen errechnen. Man brauchte nur einen kleinen Teil des Erdumfangs zu vermessen, wenn es gelänge, den dazugehörigen Winkel – und zwar im Erdmittelpunkt (siehe Zeichnung) – zu ermitteln. Die Sonne brachte ihn ans Licht! Während ihre Strahlen in Syëne im südlichen Ägypten (heute Assuan) genau senkrecht auf die Wasseroberfläche eines Brunnens trafen, fielen sie zur gleichen Zeit in Alexandria unter einem um 7,2° kleineren Winkel ein. Genauso groß muß der Winkel sein, unter dem die beiden Städte vom Erdmittelpunkt aus erscheinen. Die Zeichnung erklärt es. Warum besteht zwischen den mit W gekennzeichneten Winkeln Gleichheit?[3]

Wegen der Gleichung

$$7{,}2° \cdot 50 = 360°$$

mußte also die Strecke Alexandria–Syëne $\frac{1}{50}$ des Erdumfangs betragen.

Sie zu vermessen, schickte der Gelehrte Bematisten auf den Weg. Das waren Schrittläufer, die ungeachtet aller Hindernisse

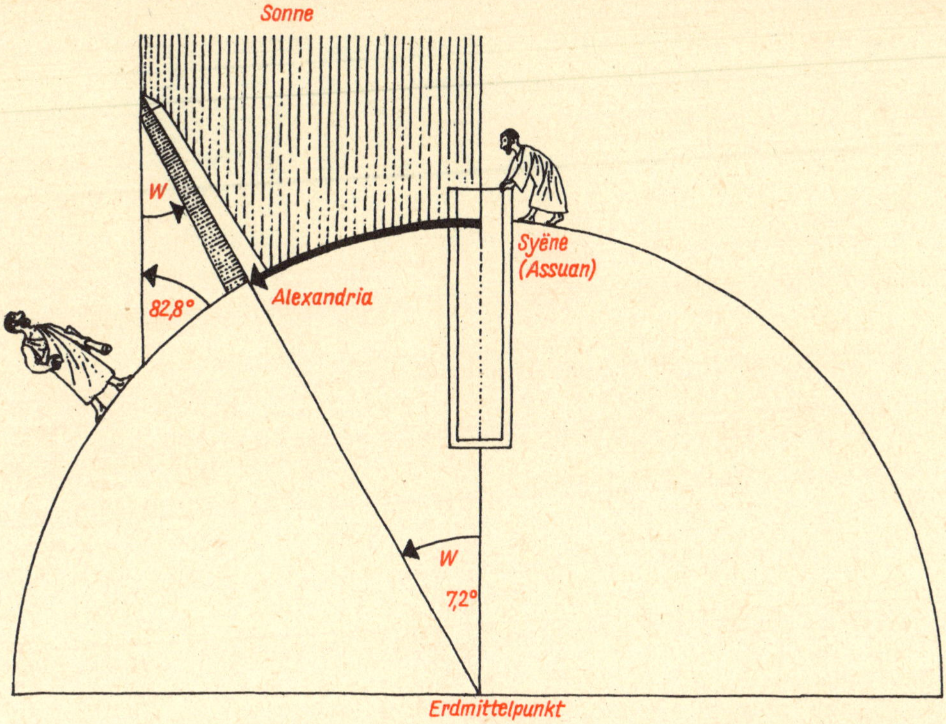

sehr gleichmäßig zu gehen vermochten. Ihre Teilstrecken summierten sich am Ende nach unserem heutigen Maß zu etwa 920 km. Demnach errechnete Eratosthenes für den Erdumfang

$$920\text{ km} \cdot 50 = 46\,000\text{ km}$$

Ein Ergebnis, das der genauen Größe (40 000 km) sehr nahekommt, weicht es doch nur um etwa $\frac{1}{7}$ von ihr ab.

Ein himmlisches Verhältnis

Viele tausend Male hatte Aristarch von Samos (etwa 320 bis 250 v. u. Z.) seinen Blick zum Himmel gerichtet. In seiner Neugier – oder sagen wir besser Wißbegier? – drängte es ihn, dem Mond und der Sonne ein Geheimnis zu entreißen: Wie verhielt es sich mit ihren Entfernungen von der Erde? Aber messen konnte er lediglich einen einzigen Winkel, und das genügte nicht für eine Entfernungsberechnung. Darum mußte er sich auf eine Verhältniszahl beschränken. Sie sollte aussagen, daß der Erdabstand der

Sonne soundsovielmal so groß ist wie der des Mondes. Daß es nicht umgekehrt sein konnte, bewies der gemessene Winkel. Ihn hatte Aristarch in dem einzigen dafür geeigneten Augenblick ermittelt. Er paßte nämlich den Moment ab, in dem der Mond genau in einem rechten Winkel zu Sonne und Erde stand. Die Zeichnung zeigt es: bei Halbmond. Da bestimmte er den Winkel, unter dem diese beiden Himmelskörper von der Erde aus erschienen. Etwa 87° zeigte sein Meßgerät. Somit erhielt Aristarch ein Dreieck, und das legte er seinen Berechnungen zugrunde. Durch eine maßstäbliche Zeichnung auf einem A4-Blatt – die Strecke Mondmittelpunkt bis Erdoberfläche wie im Buch wählen! – könnten wir ungefähr auf das gleiche Ergebnis kommen. (Genau erhalten wir es – Kenntnisse der 10. Klasse vorausgesetzt – mit Hilfe der Trigonometrie. Siehe dazu auch die Seiten 107/108)

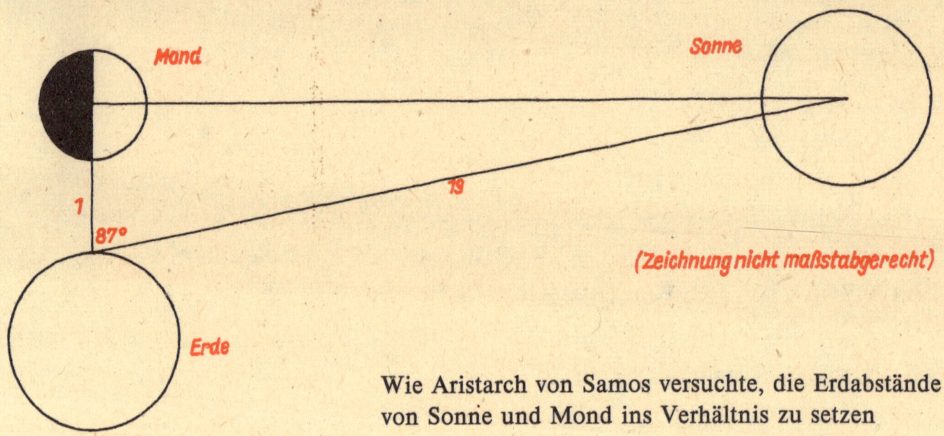

Wie Aristarch von Samos versuchte, die Erdabstände von Sonne und Mond ins Verhältnis zu setzen

Aristarchs Lösung lautete: 19 Mondabstände = 1 Sonnenabstand. Aber seine Winkelmessung war zu ungenau. Die heutigen Instrumente arbeiten viel präziser. Statt 87 weisen sie 89,85° aus. Das läßt sich auf kein genormtes Blatt mehr zeichnen, denn die Entfernung der Sonne wächst damit ins Riesenhafte. Sie beträgt durchschnittlich (denn es gibt gesetzmäßige Veränderungen) rund das 390fache des Abstandes Erde–Mond.

Ein großer Irrtum des Aristarch von Samos, hervorgerufen durch einen kleinen Meßfehler! Der war beim damaligen Stand der Technik sicherlich gar nicht zu vermeiden. Überlegt hatte der griechische Gelehrte richtig. Noch viele Jahrhunderte nach ihm herrschten bei den Astronomen ganz falsche Vorstellungen über die Entfernungen der Himmelskörper.

Wäre der Abstand so klein, wie ihn Aristarch ermittelte, dann müßte die Erde in rund 4 Tagen – statt in 365,2422 – einmal um die Sonne rasen. Was gäbe das für „Minischuljahre“! Dank den Forschungen der Mathematiker-Astronomen lassen sich auch derartige Umlaufzeiten genau berechnen.

Warum die Priesterastronomen schalteten

Das Frühjahr 1980 war in Mitteleuropa außergewöhnlich trocken. In manchen Gegenden fiel wochenlang kein Tropfen Regen, und die Pflanzen auf den Feldern und in den Gärten wuchsen spärlicher als sonst. Weil sie eine Mißernte befürchteten, beklagten viele Leute das Wetter. Manche meinten sogar die Ursache für die anhaltende Trockenheit zu kennen. „Kein Wunder“, sagten sie, „wir haben ein Schaltjahr, und das bringt nie was Rechtes.“

Können Schaltjahre wirklich Wind und Wetter beeinflussen? Nein – mit dem Geschehen in der Natur haben sie nichts zu tun, um so mehr mit der Mathematik. Sie sind die Folge einer uralten, komplizierten Rechenaufgabe. Die Sonne stellte sie den Menschen, und die Frage, die es zu beantworten galt, lautete: „Wie lang ist ein Jahr?“ Heute wissen wir es: 365,2422 Tage. Doch es dauerte Jahrtausende, bis die richtige Lösung gefunden war. Und wegen dieser Zahl mit den vielen Stellen hinter dem Komma – man könnte sie noch weiter ausrechnen – gibt es Gemein- und Schaltjahre. Die einen mit 365, die anderen mit 366 Tagen. Darum hat der Februar gewöhnlich (all*gemein*) 28, in Schaltjahren aber 29 Tage. Kann eine derartige Regelung etwa regenspendende Wolken vertreiben?

Der Rechnung voraus gingen gründliche Naturbeobachtungen. Aufmerksame Betrachter bemerkten, daß sich die Sonnenbahn von Tag zu Tag ein wenig verändert, daß sie entweder steiler oder flacher wird. Sie erkannten, daß sich die Jahreszeiten regelmäßig wiederholten, und es drängte sie, herauszufinden, in welchem Rhythmus das geschah, wieviel Zeit zum Beispiel von einem Frühlingsanfang bis zum nächsten verging.

Sonnenbahn im Sommer und im Winter

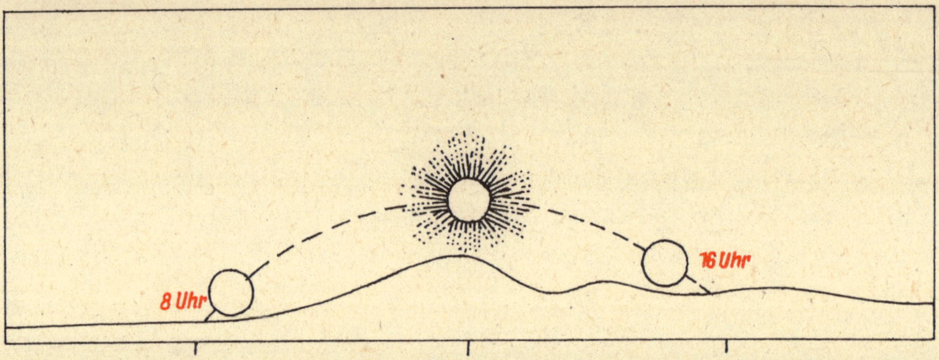

Schon vor Jahrtausenden versuchten ägyptische Priester, hinter dieses Geheimnis zu kommen. Es gab für sie einen zwingenden Grund, die Gesetze der Natur aufzudecken und für die Menschen nutzbar zu machen: Sie hatten nicht nur ihren geistlichen Dienst zu versehen, sondern auch die Feldarbeiten der Bauern zu leiten. Wollten sie gute „Agronomen" sein und die günstigsten Termine für Saat und Ernte sowie für die Geburt der Jungtiere festlegen, dann brauchten sie eine möglichst genaue Zeiteinteilung, einen Kalender. Die Bewässerung und Düngung der Felder besorgte der Nil. In bestimmten, stets gleichbleibenden Abständen überschwemmte er die Niederungen und lagerte dort fruchtbaren Schlamm ab. Darauf mußten sich die Bauern rechtzeitig einrichten können. Aber welche Zeitspanne lag zwischen einem Hochwasser und dem nächsten?

Das zu ergründen, half die Astronomie, die Sternkunde. Nacht für Nacht beobachteten Priester die Bewegung der Gestirne, und sorgsam führten sie darüber Buch. *Ein* Ereignis erwarteten sie jedesmal mit besonderer Spannung: den ersten, endlich nicht mehr von der Sonne überstrahlten Aufgang des hellfunkelnden Sirius in der Morgendämmerung. Das geschah – nach unserer Zeitrechnung – Ende Juni, das war der Zeitpunkt, zu dem der Nil über die Ufer trat, und das war für die Ägypter das Zeichen zum Beginn eines neuen Jahres. Eilends ausgeschickte Boten verbreiteten die Kunde im ganzen Land. Aus den aufgezeichneten Daten ermittelten die Priesterastronomen die Jahreslänge. Sie kamen zunächst auf 360 Tage.

Später korrigierten sie ihre Rechnung und hängten dem Jahr noch 5 Tage an. Um das Volk zu beruhigen und ihm die plötzliche Verlängerung zu erklären, dachten sich die Kalendermacher eine Legende aus. Danach war Ra, Ägyptens Sonnengott, sehr erzürnt darüber, daß sich die Himmelsgöttin Nut mit Geb, dem Gott der Erde, vermählt hatte. Das sei keine „standesgemäße" Ehe. Es galt, den aufgebrachten Ra, der den beiden prophezeit hatte, daß ihre Kinder weder in einem Jahr noch in irgendeinem Monat geboren

Endlich frühmorgens nicht mehr von der Sonne überstrahlt: der Sirius.

werden würden, wieder zu versöhnen. So wurden ihm diese 5 Tage geschenkt.

Und siehe da: Alle 5 Kinder des ungleichen Götterpaares kamen in dieser Verlängerungszeit zur Welt.

Fortan gab es in Ägypten einen Kalender, der den Lauf der Sonne viel besser widerspiegeln sollte als der ursprüngliche, um jene 5 Tage kürzere. In der Praxis mußte sich nun erweisen, ob die Berechnungen stimmten. Zum Beispiel hätte das Nilhochwasser, das immer bei dem gleichen Sonnenstand einsetzte, nun jedes Jahr auf ein und denselben Kalendertag fallen müssen. Zunächst schien auch alles in Ordnung zu sein. Ende Juni trat der Nil „pünktlich" über seine Ufer. Aber mit der Zeit stellten sich merkliche Verspätungen ein, die größer und immer größer wurden. Nach 120 Jahren zeigte der Kalender schon einen der letzten Julitage an, wenn das Nilhochwasser kam, und innerhalb von 1460 Jahren wanderte das Überschwemmungsdatum durch das ganze Jahr.

Wie war das zu erklären?

Nur so: Die Priester mußten die Jahreslänge noch immer ein wenig zu kurz bemessen haben. Mit modernen Meßgeräten, Fernrohren und Computern hätten sie um vieles genauer arbeiten können. Aber unter den Bedingungen ihrer Zeit vollbrachten sie dennoch eine große Leistung.

Jahrhunderte später gaben die ägyptischen Himmelsbeobachter die Dauer eines Jahres mit 365 Tagen und 6 Stunden an (= 365,25 Tage). Daraus erwuchs ein neues Problem: Was sollte mit dem Überschuß, den Stellen nach dem Komma, geschehen? Man konnte doch keinen Tag zerteilen und dem Kalender ein Bruchstück anhängen. Die Priester wußten Rat. Sie sparten den Rest so lange auf, bis er sich zu 24 Stunden, einem vollen Tag, summiert hatte. Diese Summe fügten (schalteten) sie erstmalig im Jahr 238 vor unserer Zeitrechnung in ihren Kalender ein. In der Folge wurde dann jedes vierte Jahr ebenfalls um einen Tag verlängert (zum Beispiel 234, 230, 226 usw.).

Nicht wenigen Menschen bereitete diese Regelung später einigen Ärger, nämlich allen denjenigen, die gerade an diesem Schalttag geboren wurden. Das dürften heute in der ganzen Welt immerhin gut 3 Millionen sein.

Wie kommt man auf diese Zahl?[4]

Kaiserliche und päpstliche Gesetze

Wegen ihres Wissens wurden die ägyptischen Priester hoch geachtet. Ihr Kalender funktionierte nach der Schaltung erstaunlich gut, so daß sich nun auch andere Völker für ihn zu interessieren begannen. Manche kamen nämlich mit der Zeitbemessung nur schwer zurecht, darunter die Römer. „Ihre Feldherren siegten immer, doch sie wußten niemals, an welchem Tag", schrieb später ein französischer Schriftsteller.

Um Ordnung in sein Kalenderwesen zu bringen, ließ Julius Cäsar, ein mächtiger römischer Herrscher und Heerführer (100 bis 44 v. u. Z.), von dessen Namen die Ausdrücke „Kaiser" und „Zar" abgeleitet sind, das mathematisch-astronomische Kunstwerk der Ägypter im Jahr 46 v. u. Z. auch in seinem Reich einführen. Anfangs stieß er damit auf Unverständnis und Ablehnung, denn zum Anschluß an die neue Zeitrechnung mußten zunächst 90 zusätzliche Tage auf einmal eingeschaltet werden. Darüber witzelten die Römer. Sie sprachen vom „Jahr der Verwirrung". Außerdem ließ Cäsar den Jahresbeginn vorverlegen: vom 1. März auf den 1. Januar, in die Nähe der Wintersonnenwende. Trotzdem spielte der Februar auch weiterhin die Rolle des letzten Monats, mußte er sich doch nach wie vor (anders als heute) mit 29 (in Schaltjahren 30) Tagen begnügen. Bei 6 Monaten mit je 31 und 5 mit je 30 Tagen waren für ihn, wie sich leicht nachrechnen läßt, nicht mehr übriggeblieben.

Bald überzeugte die Qualität des neuen Kalenders auch die Voreingenommenen, so daß Spott und Hohn verstummten. Den Ruhm erntete Julius Cäsar, denn worin hauptsächlich der Fleiß und das

Julius Cäsar

Können anderer, der ägyptischen Priesterastronomen, steckten, das erhielt seinen Namen. Es ging als „Julianischer Kalender“ in die Geschichte ein. Künftig galt diese Zeitrechnung, und das für viele Jahrhunderte, in fast allen Ländern Europas. Nur eine geringfügige Änderung hatten die Römer daran kurz nach dem Tod ihres Imperators (Herrschers) noch vorgenommen: Zu Ehren Julius Cäsars und seines Neffen, des Kaisers Augustus (63 v. u. Z. bis 14 u. Z.), benannten sie zwei Monate um. Aus Quintilus (31 Tage) und Sextilus (30 Tage) wurden Juli und August. Wegen ihrer erhabenen Namen sollten die beiden „Neuen“ einander ebenbürtig sein. Darum wurde dem August noch ein Tag angehängt. Man nahm ihn vom Februar. Daher dessen „Verstümmelung“.

Heute erinnern noch viele Begriffe zum Zeitablauf an die alten Römer und ihre Sprache, das Lateinische. Wir haben von ihnen eine Reihe Ausdrücke geliehen. Man nennt sie Lehnwörter. Dazu gehört auch der „Kalender“. Er geht auf die römischen Kalenden zurück. So hießen die Monatsanfänge, also der 1. März, der 1. April usw. Noch die ursprüngliche, vor Cäsar geltende Monatszählung drückt sich in den Bezeichnungen September, Oktober, November und Dezember aus. Sie bedeuten nämlich – in dieser Reihenfolge – siebenter, achter, neunter und zehnter Monat. Hingegen sind die Namen Januar, März, Mai und Juni von römischen Gottheiten (Janus, Mars, Maja und Juno) abgeleitet und Februar von Februa, einem Fest der alten Römer, mit dem sie sich von ihren Sünden reinigen zu können glaubten. Bleibt noch der April. Er heißt, vom Lateinischen ins Deutsche übersetzt, „der Öffnende“, wobei zu bedenken ist, daß der knospenöffnende Frühling in Italien ein paar Wochen früher einzieht als in unseren Breiten.

In Geschichtsbüchern und Lexika stehen viele bedeutungsvolle Daten, unter anderem, daß Julius Cäsar am 15. März des Jahres 44 v. u. Z. ermordet wurde, daß Christoph Kolumbus am 12. Oktober 1492 Amerika entdeckte oder daß Martin Luther am 31. Oktober 1517 seine berühmten Thesen an das Tor der Schloßkirche von Wittenberg schlug. Hinzugefügt werden müßte jedesmal: nach Julianischer Kalenderrechnung.

Doch nichts, absolut nichts geschah vielerorts in Europa zwischen dem 5. und dem 14. 10. 1582. Nicht einmal ein Hahn krähte, geschweige denn vom Wetter wäre irgend etwas zu vermelden gewesen. Was war das für ein merkwürdiger Zustand?

Er trat gesetzmäßig ein, denn nach einem Erlaß von höchster Stelle hat es diese Tage in etlichen Ländern nicht gegeben. Die Zeit sprang über sie hinweg.

Im 16. Jahrhundert hatte sich nämlich sehr deutlich herausgestellt, daß selbst der Julianische Kalender noch um ein winziges zu langsam ging. Zum Frühlingsanfang zeigte er nun nicht mehr den 21., sondern erst den 10. März an. Die meisten Menschen fanden das nicht sonderlich schlimm. Aber den Papst, den obersten Würdenträger der katholischen Kirche, bekümmerte, daß durch diese Datumsverschiebung das Osterfest nicht immer an den richtigen Tagen gefeiert worden war. Doch gerade dafür bestand eine strenge Regel, die jede Abweichung zur Sünde erklärte. Darum mußte jetzt der Kalender schleunigst vorgestellt und sein „Tempo“ um ein weniges erhöht werden.

Papst Gregor XIII.

Zu diesem Zweck berief Papst Gregor XIII. 1582 eine Gelehrtenkommission ein. Ihr stellte er die schwierige Aufgabe, den Kalender künftig einer Jahreslänge von 365 Tagen, 5 Stunden und (rund) 49 Minuten anzupassen. Die Mathematiker und Astronomen Clavius, Sirletti sowie Aloysius Lilius und Antonius Lilius berieten lange hin und her. Am Ende fanden sie eine verblüffend einfache Lösung. Sie strichen nur ein paar – nach Cäsars Regel – geplante Schalttage, und zwar die von 1700, 1800, 1900, 2100 und allen weiteren Jahrhundertzahlen, die sich nicht (ohne Rest) durch 400 dividieren lassen.

Bei allen anderen Jahreszahlen blieb es bei der alten Regel: Die Teilbarkeit durch 4 ergibt ein Schaltjahr. Es läßt sich also leicht und auf beliebige Zeit im voraus bestimmen, wann der Februar 29 Tage haben wird.

Die kleine Änderung zeigte große Wirkung. Sie glich die Zeitrechnung dem Rhythmus der Natur so gut an, daß keine nennenswerte Abweichung mehr auftreten wird. Der winzige, noch verbleibende Fehler wird erst nach 3280 Jahren auf einen vollen Tag anwachsen. Also kann man sagen, daß unser Kalender nunmehr genau geht.

Es mußte aber noch der Rückstand aufgeholt werden, der sich in eineinhalb Jahrtausenden angehäuft hatte. Um diese Lücke zu schließen, durchkreuzte Gregor kurzerhand jene 10 Tage, so daß auf den 4. Oktober 1582 gleich der 15. folgte.

Ehre – wem Ehre gebührt? Fast vergessen sind die Namen der findigen Berater. Den Papst hingegen hebt die Geschichte hervor, denn die verbesserte Zeitrechnung wurde mit seinem Namen verbunden. Der Gregorianische Kalender gilt – weltweit – noch heute, und wenn wieder über Änderungen diskutiert wird, dann geht es dabei nicht um die Genauigkeit (vgl. Kapitel „Immer sonntags?“ Seite 37).

Allerdings hielten es einige Herrscher noch sehr lange mit Cäsar, unter anderem die türkischen und die russischen. Als der letzte Zar gestürzt wurde (1917), richtete sich Rußland noch immer nach der „Zeitrechnung alten Stils“. Lenin räumte 1918 mit diesem Rückstand auf. Nunmehr mußten beim Übergang zum neuen Zeittakt bereits 12 Tage übersprungen werden. Daraus erklärt sich, warum der Jahrestag der Oktoberrevolution im November begangen wird: Der 25. 10. 1917 wandelte sich durch die Kalenderumstellung in den 7. 11. 1917.

Allein die Jahresdauer von 365,2422 Tagen zeigt, wie schwierig die Kalenderrechnung war. Was in dieser Zahl hinter dem Komma steht, kann man sich besser vorstellen, wenn man es in Stunden, Minuten und Sekunden ausdrückt. Der Leser möge es versuchen![5]

Wechselnde Phasen

Die meisten alten Völker leiteten ihre Zeitrechnung vom Mond ab. Sie beobachteten, wie er ständig sein „Gesicht“ veränderte, und

Steinzeitlicher „Kalendermacher“: Jeder Vollmond – eine Kerbe

fanden schließlich die Regel: Etwa alle 29,5 Tage wiederholen sich die Bilder. Das heißt, in diesem Abstand treten die gleichen Mondphasen auf. Steht der Erdbegleiter in Sonnenrichtung, ist er unsichtbar, und es herrscht „Neumond“. Nach jeweils etwa 1 Woche folgen: zunehmender Halb-, Voll-, abnehmender Halb- und wieder Neumond. Das ergibt zusammen ungefähr einen Monat. Woher dieser Ausdruck stammt, das ist nun nicht mehr schwer zu erraten. Unser Himmelsnachbar lieferte die Vorlage dafür. Seine wechselnden Gesichter, die Mondphasen, sind auf unseren Kalendern durch einprägsame Symbole dargestellt.

Wegen der gebrochenen Zahl (29,5) hatten in den ältesten Mondkalendern die Monate abwechselnd 29 und 30, die Jahre somit 354 Tage. Die Folge: Die Jahreszeiten wanderten. Einmal reiften die Äpfel im September, ein andermal im Februar. Auch die religiösen Feste und Feiern, die ja eigentlich nicht pendeln sollten, rutschten vom Frühling in den Sommer, den Herbst und den Winter. Nach 33 Jahren war jeder Tag einmal durch alle Jahreszeiten gelaufen, und die Verschiebung begann von neuem. Einhalt gebie-

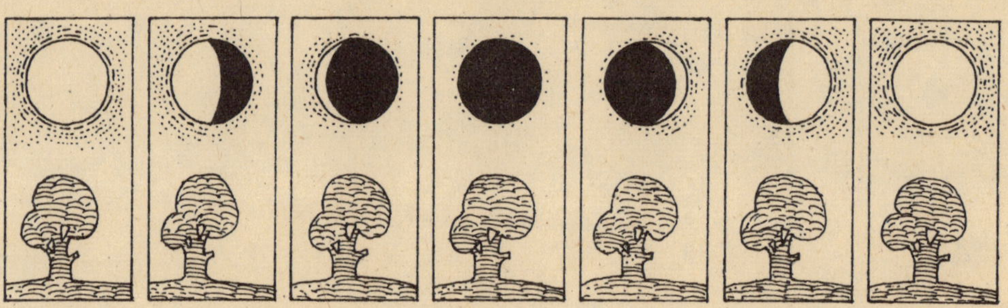

Von Vollmond zu Vollmond – 29,5 Tage

ten konnten dem Auseinanderrücken von Natur und Kalender nur die Mathematiker. Sie dachten sich komplizierte Schaltungen aus, um den Mondkalender fest an den natürlichen Jahresablauf zu binden.

Die beste Lösung fand Meton, ein griechischer Astronom und Mathematiker, vor 2400 Jahren. Er kam auf die Gleichung:

19 (Sonnen-)Jahre = 235 Mondmonate.

Also mußten in 1 Jahr durchschnittlich $\frac{235}{19} = 12{,}36842105$ Mondmonate ablaufen. Mit einem ausgeklügelten Schaltsystem brachte Meton Sonnen- und Mondkalender so zusammen, daß sie sich nach jeweils 19 Jahren wieder im Gleichlauf befanden. Die dazwischenliegenden Verschiebungen hielten und halten sich in Grenzen. Zum Beispiel bewegt sich das vietnamesische Mond-Neujahrsfest, Tet genannt, nach dieser Regelung nur noch zwischen dem 20. Januar und dem 20. Februar.

Vor allem im Orient, wo es viele mondhelle Nächte gibt, waren derartige Kalender sehr verbreitet, so in Babylonien, Indien und China. Es entstanden Dutzende von Abarten – und damit ein ziemliches Durcheinander. In manchen Ländern, unter anderem in Ägypten, werden heute zwei verschiedene Kalender geführt: ein moderner Gregorianischer und ein traditioneller nach dem Mond. Gespannt wie ihre Vorfahren vor Jahrtausenden beobachten die Ägypter noch immer das erste Sichtbarwerden der zunehmenden Mondsichel. Erblicken Beobachter das sogenannte Neulicht, beginnt tags darauf ein neuer Monat. Proteste „glaubwürdiger Zeugen“ führten schon manchmal zu nachträglichen Verschiebungen des Monatsbeginns.

Aber auch bei uns hängt ein bestimmtes Datum nach wie vor vom Mond ab: der Termin für Ostern. Das Fest liegt, und darum wandert es, auf dem ersten Sonntag nach dem ersten Vollmond im Frühling. Eine Beobachtung erübrigt sich jedoch, denn es gibt eine Formel, die es ermöglicht, das Osterdatum schon lange im voraus zu berechnen, und Carl Friedrich Gauß stellte sie auf.

Immer sonntags?

Niemand hat gezählt, wie viele Kalendersysteme neben dem weltumspannenden Gregorianischen heute noch existieren. Auf alle Fälle sind es Hunderte, eine beträchtliche Anzahl davon allein in Indien. Wäre es daher nicht besser, es gäbe einen einheitlichen Weltkalender?

Ein solches Projekt wird schon seit langem diskutiert. Ende des vorigen Jahrhunderts schrieb die Französische Astronomische Gesellschaft dazu sogar einen Wettbewerb aus. Den ersten Preis erhielt der französische Astronom Gustav Armelin. Das, was er damals vorschlug, und Ähnliches wurde inzwischen schon mehrfach in der UNO, der Organisation der Vereinten Nationen, erörtert. Aber eine Entscheidung darüber, ob und wann ein derartiger Weltkalender eingeführt wird, ist noch nicht gefallen.

Im wesentlichen sähe er wahrscheinlich so aus:

1. Jedes Quartal (Vierteljahr) hat 91 Tage = 13 Wochen, und es beginnt stets mit einem Sonntag. Zu der Summe von $4 \cdot 91 = 364$ Tagen kommen noch hinzu: alljährlich ein Weltfeiertag nach dem 30. Dezember und alle 4 Jahre ein Schalttag nach dem 30. Juni. Beide gehören weder zu einem Monat noch zu einer Woche.
2. Jeder Monat zählt, von nationalen Feiertagen abgesehen, 26 Arbeitstage.
3. Die Monatslängen verteilen sich wie folgt:
   31 Tage haben: Januar, April, Juli, Oktober (die jeweils ersten Monate im Quartal),
   30 Tage: alle anderen, also auch der Februar.
4. Der erste Tag des Jahres (Neujahr) fällt stets auf einen Sonntag, auch jeder weitere immer auf den gleichen Wochentag.

Die mathematischen Grundlagen des Gregorianischen Kalenders würden also bestehen bleiben. Es käme nur zu einer gleichmäßigeren Verteilung der Tage auf die einzelnen Monate. Der Jahreskalender gälte ein für allemal. Wieviel Geld könnte, weil der Druck immer neuer Kalender wegfiele, eingespart werden! Vielleicht aber wäre es langweilig, wenn man beispielsweise immer sonntags Geburtstag hätte, wenn jedes Schuljahr freitags anfinge, wenn der 1. Mai stets auf einen Mittwoch fiele und am 7. Oktober ewig Sonnabend wäre.

Viel Land – viel Steuern

Jedes Jahr zur Erntezeit mußten die Bauern im alten Ägypten ihren Priestern Steuern entrichten. Sie bezahlten deren Dienste nicht mit Geld, sondern mit Waren. Dabei wurde die Höhe der Abgaben nach der Größe der Felder festgesetzt. Vermessen wurden sie von den Steuereintreibern selbst, denn wer sonst wäre dazu imstande gewesen. Immer wenn der Nil über seine Ufer trat, verwischte er mit seinem Schlamm die Grenzmarkierungen, so daß die Geometer (Landmesser) nie arbeitslos wurden.

Rechteckige Flächen bereiteten den landvermessenden Priestern die wenigsten Schwierigkeiten. Vielleicht waren sie beim Auslegen von Tempelböden mit Steinplatten dahintergekommen, daß man, um den Flächeninhalt von Rechtecken zu bestimmen, nur die jeweiligen Maßzahlen von Länge und Breite miteinander zu multiplizieren braucht. Heute lernt jeder Schüler:

$A = a \cdot b.$

Doch viele Feldflächen ließen sich nicht so einfach berechnen. Manche hatten zwar geradlinig verlaufende Seiten, aber die schnitten sich nicht rechtwinklig. Was nun? Die Priester fanden einen Weg, den wir auch heute noch beschreiten. Sie zerlegten solche Flächen in Dreiecke. Wie man deren Inhalt berechnet, das erkennen die pfiffigsten Schüler auch ohne des Lehrers Hilfe. Sie ergänzen nämlich ein Dreieck zu einem genau doppelt so großen Rechteck und halbieren dann dessen Flächeninhalt. Von den ägyptischen Priestergeometern müssen wir annehmen, daß sie auf die gleiche Weise vorgingen. Die Formel, die sie bei ihren

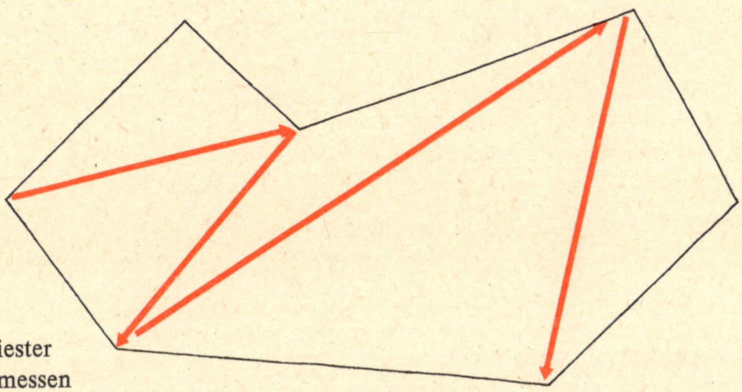

Ägyptische Priester
beim Landvermessen

Dreiecksberechnungen benutzten, findet sich in jedem mathematischen Tafelwerk, nämlich

$$A = \frac{g \cdot h_g}{2},$$

wobei g eine beliebige Seite des Dreiecks und h_g die zugehörige Höhe ist.

$$A_{Dreieck} = \frac{g \cdot hg}{2}$$

$$A = \frac{5 \cdot 3}{2} = 7{,}5$$

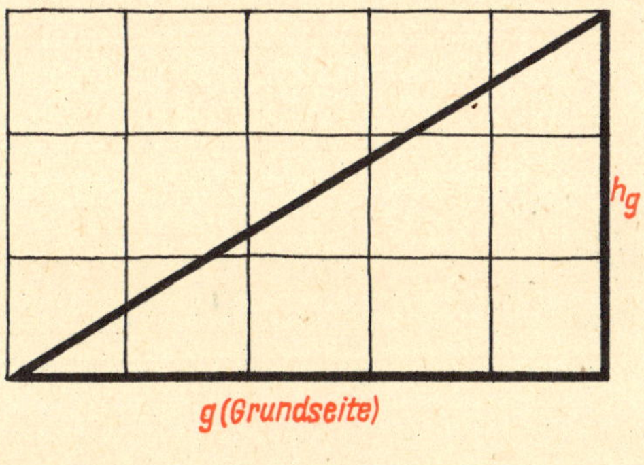

Mit Hilfe der Triangulation wurden inzwischen ganze Länder und Kontinente vermessen. Die Methode beruht darauf, daß man die riesigen Flächen in Dreiecke zerlegt (vgl. Kapitel „Das Leben – der erste Mathematiklehrer“, Seite 18).

Pyramiden, Winkel, Himmelsrichtungen

Wer denkt, wenn von Ägypten die Rede ist, nicht auch an Pyramiden. Vieles wurde über diese gewaltigen Königsgräber, deren Bau Hunderttausenden Sklaven das Leben kostete, schon geschrieben. Auch darüber, was an Mathematik bzw. Geometrie in ihnen steckt. Von alledem wollen wir hier nur eines herausgreifen: die Orientierung nach den Himmelsrichtungen. Bewundernd wird immer wieder gefragt, wie es den Baumeistern gelang, die Kanten der quadratischen Grundflächen genau nach Norden und Süden sowie Osten und Westen auszurichten. Aus einem uralten Dokument geht hervor, daß zunächst die Nord–Süd-Linie abgesteckt wurde. Die Sterne – siehe Zeichnung! – dienten dabei als Kompaß. Anschlie-

Der heutige Polarstern (hier aus unterschiedlichen geographischen Breiten anvisiert) ist ein guter Kompaß. Er steht ziemlich genau im Norden. Zur Zeit des Pyramidenbaus zeigte ein anderer Stern die Nordrichtung an.

ßend mußte zu dieser Geraden eine Senkrechte (Ost–West) errichtet werden. Wie das vonstatten ging, das verzeichnen die aufgefundenen Schriften nicht. Die Mathematiker vertreten dazu unterschiedliche Auffassungen. Die einen behaupten, die Ägypter hätten bereits damals – vor über 4000 Jahren – gewußt, wie man ein Seil zu einem rechtwinkligen Dreieck ausspannt. (Indem man durch Knoten die 3 Seiten ins Verhältnis 3:4:5 bringt.) Andere

Wußten die Ägypter schon vor 4000 Jahren, wie man ein Seil zu einem rechten Winkel ausspannt?

meinen hingegen, solche Kenntnisse hätten die Pyramidenbauer auf keinen Fall besessen. Vielleicht konstruierten sie die rechten Winkel schon so, wie es heute in der Schule üblich ist. Nur, daß statt des Zirkels Seil, Pflock und Ritzstock verwendet wurden. Also hätten die Seilspanner um die Endpunkte einer Strecke mit hinreichend großem und gleichem Radius je einen Kreis schlagen und die Schnittpunkte miteinander verbinden müssen. Die Verbindungsgerade steht dann senkrecht auf der gegebenen Strecke. Wie auch immer sie entstanden sein mögen, die rechten Winkel an den ägyptischen Pyramiden erwiesen sich als erstaunlich genau.

Daß es über die Verfahrensweisen der damaligen Geometer widersprüchliche Meinungen gibt, liegt an der Spärlichkeit der Überlieferungen. Geschrieben wurde im alten Ägypten – in einer schwer zu entziffernden Schrift – auf schmale, teilweise meterlange Rollen, die aus dem Stengelmark einer Pflanze, der Papyrusstaude, hergestellt wurden. Einige überlieferte „Papyri" (Einzahl: der Papyrus) enthalten geometrische und arithmetische Rechenbeispiele, aber keinerlei Erläuterungen oder Begründungen dazu. Die „Spitze" der damaligen mathematischen Kenntnisse der Ägypter spiegelt ein Papyrus wider, der in einem Museum in Moskau aufbewahrt wird. Das Schriftstück zeigt, wie das Volumen (der Rauminhalt) eines auf ihm dargestellten Pyramidenstumpfs berechnet werden muß.

Bei anderen Bauten, zum Beispiel Tempeln, kam es vor allem darauf an, daß sich deren Mauern nicht neigten. Um die Richtung zum Erdmittelpunkt – die Lotrechte – zu erhalten, ließen die altägyptischen Bauleute von oben einen Faden herab, an dem ein Stein oder ein Metallstück befestigt war. An dieser Methode hat sich bis heute nichts geändert.

Die Mauer ist „im Lot“.

EX ORIENTE LUX

Die bedeutungsvolle Sechzig

„Aus dem Osten (kommt) das Licht“ – „Ex oriente lux“ –, lautet eine alte Redensart. Sie bezog sich ursprünglich nur auf den Sonnenaufgang. Im übertragenen Sinne meint man damit jedoch geistige Errungenschaften, Ergebnisse des menschlichen Denkens. Nicht daß im Osten klügere Menschen gewohnt hätten. Aber dort entstanden Städte und Staaten schon viel früher als in anderen Erdteilen. Und in den dichtbesiedelten Gebieten entwickelten sich hochstehende Kulturen. Die Natur zwang die Menschen, ihren Kopf zu gebrauchen. Zum Beispiel hätten die Babylonier, eines der ältesten Kulturvölker, in ihrem heißen, trockenen Land, dem heutigen Irak, ihre Ernährung nicht sichern können, wenn sie nicht ständig Wasser über ihre Felder geleitet hätten. Also klügelten sie weitverzweigte Bewässerungssysteme aus und zapften Euphrat und Tigris, ihre großen Flüsse, an. Es versteht sich, daß solche Projekte nicht ohne Berechnungen ausgeführt werden konnten. In überlieferten Aufgaben geht es vielfach um Winkel an Dämmen, um die Breite von Dammkronen und um die Anzahl der benötigten Arbeitskräfte. Dafür ein Beispiel (worin giš ein Längen- und SAR ein Raummaß ist): „Ein kleiner Kanal, 6 giš seine Länge, 2 Ellen obere Weite,

$1\frac{1}{2}$ Ellen seine Tiefe, $\frac{1}{3}$ SAR Erde die Leistung, 18 Leute.

Die Tage sind was?“

Die Antwort folgt gleich darauf:

„11 und $\frac{1}{4}$ sind die Tage.“

Auch Handel und Wandel kamen in Gang. Es wurde getauscht, ver- und gekauft. Ferner waren Sklaven mit Arbeitsgeräten auszurüsten, Soldaten mit Waffen und Verpflegung zu versehen, Steuern einzutreiben, Wege und Felder zu vermessen. Alles das erforderte mathematische Kenntnisse. Die besaßen freilich nur wenige Menschen. Vor allem die sogenannten Schreiber. Sie hatten zu planen, zu berechnen, zu kontrollieren. Ihre Berufsbezeichnung untertreibt

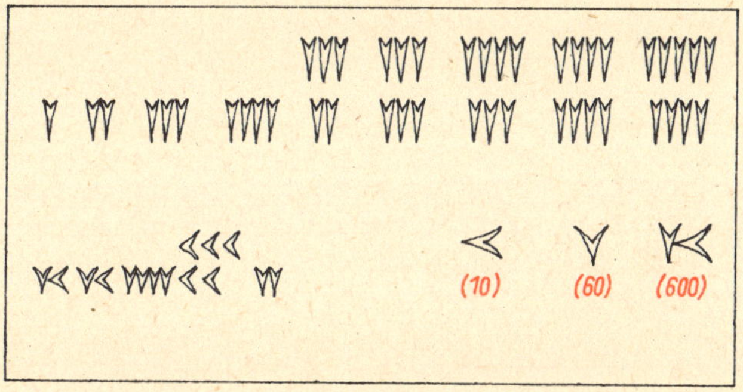

Babylonische Keilschriftzeichen. Links unten steht:
$2 \cdot 600 + 4 \cdot 60 + 5 \cdot 10 + 2 = 1\,492$

also ihre Verantwortung. Alles, was sich in Zahlen erfassen ließ, mußten sie aufzeichnen. Anfangs ritzten diese babylonischen Schreib- und Rechenkünstler eckige, keilförmige Zeichen (Keilschrift!) in feuchten Lehm, der dann getrocknet und zu Tafeln gebrannt wurde. Durch derartige Zeugnisse erhielten wir Kenntnis über die jahrtausendealte Mathematik der Babylonier.

Manches übernahmen wir von ihnen, und in diesen mathematischen Importartikeln aus dem Land zwischen Euphrat und Tigris spielt immer wieder eine bestimmte Zahl eine Rolle. Mitunter narrt sie uns sogar. Beispielsweise, wenn wir überlegen, warum ein Flugzeug ein und dieselbe Strecke bei gleicher Geschwindigkeit einmal in „nur“ 75 Minuten, ein andermal „aber“ in 1 Stunde und 15 Minuten zurücklegte. Am Gegenwind lag's nicht. Das babylonische Zahlensystem stiftet hier Verwirrung. Nach kurzer Besinnung fällt es uns ein: 1 Stunde hat nicht, wie wir es von Mark und Hektolitern und Quadratmetern her gewohnt sind, 100 nächstkleinere Einheiten, sondern nur 60. Also waren die beiden Flugzeiten genau gleich.

Noch in vielen anderen Beziehungen begegnet uns die alte babylonische Grundzahl. Bilden wir, unter Verwendung der üblichen Abkürzungen und Zeichen, einige Gleichungen:

1 min = 60 s

360° = 1 Vollwinkel = $6 \cdot 60°$

1° = 60′ (Minuten, jedoch auf Winkel bezogen, nicht auf die Zeit)

1′ = 60″ (Sekunden)

$$1 \text{ Seemeile} = \frac{1}{60} \text{ Breitengrad (am Äquator)} = \frac{111{,}1 \text{ km}}{60} = 1\,852 \text{ m}$$

1 Schock (z. B. Eier) = 60 Stück

$$1 \text{ Dutzend} = \frac{60}{5} = 12 \text{ Stück}$$

$$1 \text{ Jahr} = \frac{60}{5} = 12 \text{ Monate}$$

1 mathematisches Jahr = $6 \cdot 60 = 360$ Tage

(z. B. bei Zinsberechnungen oder Zeitumrechnungsaufgaben)

$$1 \text{ mathematischer Monat} = \frac{60}{2} = 30 \text{ Tage.}$$

Bis 1927 war in Deutschland 1 Tag nicht in 24 Einzel-, sondern in $12 = \frac{60}{5}$ Doppelstunden eingeteilt. Man brauchte also nicht zwischen 12 und 24 Uhr usw. zu unterscheiden.

Wohlüberlegt begründeten die Babylonier ihr Sechziger- oder

Sexagesimalsystem, denn diese Grundzahl eignet sich besonders gut zum Teilen. Man kann sie ohne Rest durch 2; 3; 4; 5; 6; 10; 12; 15; 20; 30 und 60 dividieren. Ptolemäus, ein berühmter griechischer Astronom und Mathematiker, erklärte später, er habe seine Berechnungen darum nach jenem System ausgeführt, weil so die Anwendung von Brüchen am bequemsten sei.

Den Unterschied zwischen Sexagesimal- und Dezimalsystem sollen noch einmal die folgenden Gleichungen verdeutlichen:

$$0{,}5\ \text{h (Stunden)} = 30\ \text{min} \qquad 0{,}5\ \text{M} = 50\ \text{Pf.}$$

$$15\ \text{min} = \frac{1}{4}\ \text{h} = 0{,}25\ \text{h} \qquad 15\ \text{cm} = 0{,}15\ \text{m}$$

Immer wieder liest man, daß eine Versammlung beispielsweise 14,30 Uhr beginnen würde. Das ist falsch geschrieben. An die Stelle des Kommas gehört ein Punkt; denn man kann $\frac{30}{60}$ nicht genauso darstellen wie $\frac{30}{100}$. In den Eisenbahn- und Omnibusfahrplänen steht es richtig.

Eins durch zwei – nicht lösbar?

Oft mußte, wo Menschen miteinander verkehrten, irgend etwas geteilt werden. Vielleicht hatte ein ägyptischer Bauer ein Zehntel oder ein Zwölftel seines Ernteertrages als Steuer abzuführen. Oder ein paar Durstige wollten den Inhalt eines Kruges Wein so ausschenken, daß keiner zu kurz kam. Auch an den orientalischen Fleischtöpfen sollte Gerechtigkeit herrschen, zumindest für die Sklavenhalter. Wie aber konnte man ein Ganzes in mehrere gleiche Teile aufspalten? Nicht immer ließ sich das Verfahren „Ein Mann – ein Teil“ anwenden.

Für Schüler der untersten Klassen sind „Probleme“ wie 1 : 2 nicht lösbar. Auch die alten Völker kamen anfangs damit nicht zurecht. Wer nur mit natürlichen Zahlen umzugehen versteht, der gerät hier an eine Schranke, die ihm den Weg zu den Teilungen versperrt. Viel zu weit auseinander liegen die Glieder der Folge 0; 1; 2; 3; 4; ...

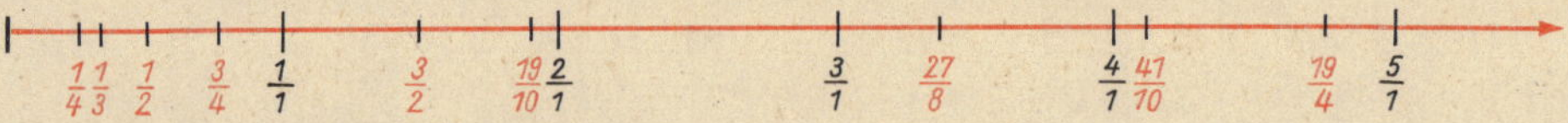

Brüche füllen Lücken

Klafft nicht schon zwischen 0 und 1 eine riesige Lücke? Und die Lückenhaftigkeit setzt sich fort bis ins Unendliche. Als eines der ersten Völker gingen die Ägypter daran, die Zwischenräume zu füllen, indem sie gebrochene Zahlen bildeten. Davon „passen“ allein zwischen 0 und 1 – wie auch zwischen alle anderen „Nachbarn“ – unendlich viele, z. B. $\frac{1}{2}; \frac{1}{3}; \frac{1}{4}; \frac{1}{5}$ usw., ebenso $\frac{2}{3}; \frac{3}{4}; \frac{4}{5}; \frac{5}{6}$ usw.

Allerdings beschränkten sich die ägyptischen Mathematiker auf sogenannte Stammbrüche, wie $\frac{1}{2}; \frac{1}{3}; \frac{1}{4}$ usw. Das heißt, sie verwendeten nur den Zähler 1. Aber anstatt ihn mitzuschreiben, setzten sie einfach über den Nenner einen Punkt, das Zeichen für ein kleines Hohlmaß. $\dot{2}$ bedeutete also $\frac{1}{2}$, $\dot{3}$ soviel wie $\frac{1}{3}$. „Halbiere“ bzw. „drittele den Gefäßinhalt“ war der ursprüngliche Sinn dieser Schreibweise.

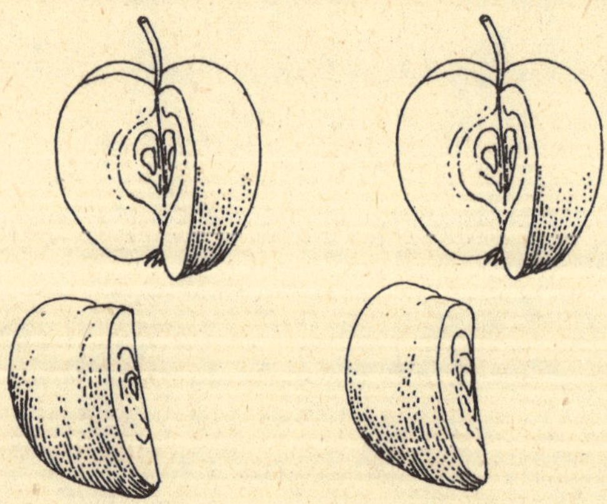

2 Äpfel für 3 Kinder

Geteilt wurde nun aber auch vieles andere. Geometer und Astronomen konnten mit Hilfe gebrochener Zahlen ihre Messungen viel genauer angeben. So legte Eratosthenes seiner berühmten Erdumfangsberechnung einen Winkel von $7\frac{1}{5}°$ zugrunde (vgl. Kapitel „Der lange Marsch der Bematisten“, Seite 24).

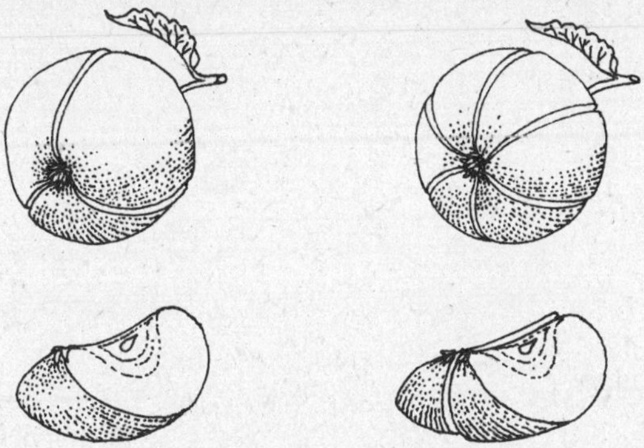

Ein Drittel ist genausoviel wie zwei Sechstel

An solchen Brüchen wie $\frac{2}{3}$, $\frac{3}{4}$ oder $\frac{4}{5}$ (Zähler ungleich 1) kamen die Ägypter jedoch nicht vorbei. Aber das waren für sie keine Zahlen, sondern Aufgaben. In einem erhalten gebliebenen großen Papyrus stehen viele Beispiele, wie sie die Schwierigkeiten meisterten. Sie zerlegten derartige, ihnen unliebsame Ausdrücke in Stammbrüche. Dafür enthält jene Papyrusrolle eine lange Tabelle. Auf unsere heutige Schreibweise übertragen, findet sich dort unter anderem:

$$\frac{2}{3}=\frac{1}{2}+\frac{1}{6};\ \frac{2}{5}=\frac{1}{3}+\frac{1}{15};\ \frac{2}{7}=\frac{1}{4}+\frac{1}{28}.$$

Auch die Babylonier, im Vergleich zu den Ägyptern die besseren Rechner, wußten schon lange vor Beginn unserer Zeitrechnung mit Brüchen umzugehen. Sie benutzten dafür bildhafte Symbole. Zum Beispiel stellten sie $\frac{1}{2}$ durch ein halbiertes Hohlmaß dar.

Rot und Schwarz

Etwas sehr Auffälliges enthält eine 2 000 bis 3 000 Jahre alte chinesische Rechenfibel: rote und schwarze Zahlen. Die gibt es noch heute in ganz ähnlicher Bedeutung. Angenommen, jemand schreibt einen Scheck über 500 M aus, hat aber nur 400 M auf seinem Konto. Was geschieht dann? Der Kontoauszug wird bunt! Neben einigen schwarzen Zahlen – wie dem Datum – erscheint die „100" in Rot. Das bedeutet Schulden, so daß die Sparkasse eine Ermahnung schickt.

Auf die gleiche Weise, wenn auch mit umgekehrter Farbgebung, unterschieden damals schon die Chinesen positive und negative Zahlen. Die einen sind größer, die anderen kleiner als Null. Bei den Kaufleuten ging es bei „Schwarz oder Rot?“ stets um Geld, um Guthaben oder Schulden. Aber durch diese Zweiteilung läßt sich noch vieles andere erfassen. Nur daß dafür außerhalb der Sparkasse heute nicht unterschiedliche Farben, sondern Plus- und Minuszeichen verwendet werden. Zum Beispiel betragen unsere höchsten Sommertemperaturen etwa +33 °C, die tiefsten im Winter gegen −25 °C. Oder: Der Fichtelberg liegt 1214 m *über*, das Tote Meer 392 m *unter* Normalnull (dem mittleren Meeresspiegelniveau). Man kann dafür auch +1214 m bzw. −392 m schreiben. Weit zurückliegende Jahreszahlen erhalten gewöhnlich den Zusatz „v. u. Z.“ (vor unserer Zeit) oder „u. Z.“ (unserer Zeit). Denkbar wären dafür auch, und manchmal kann man es in Büchern so lesen, mathematische Vorzeichen. Beispielsweise lebte der berühmte römische Kaiser Augustus, nach dem unser 8. Monat benannt ist, von −63 bis +14. Wie alt wurde er, und welcher Temperatur- bzw. Höhenunterschied liegt zwischen den obengenannten Zahlen?[6] .

Für die Schüler in den unteren Klassen existiert keine Zahl, die – als ein Beispiel von vielen – um 3 kleiner ist als 2. Erst recht sind Aufgaben wie $\frac{1}{2} - \frac{3}{4}$ für sie unlösbar. Die älteren hingegen rechnen:

$$2 - 3 = -1 \qquad \text{und} \quad \frac{1}{2} - \frac{3}{4} = \frac{2}{4} - \frac{3}{4} = -\frac{1}{4}.$$

Mit den schwarzen Zahlen der Chinesen (so kennzeichneten sie die negativen Zahlen) erweiterte sich das Haus der Mathematik wiederum um einen großen Bereich: Alle Subtraktionsaufgaben können nunmehr ausgeführt werden. Zur geometrischen Darstellung genügt ein Zahlen*strahl* nicht mehr. Man braucht, mit der Null in der Mitte, eine Zahlen*gerade*. Die Zeichnung verdeutlicht es.

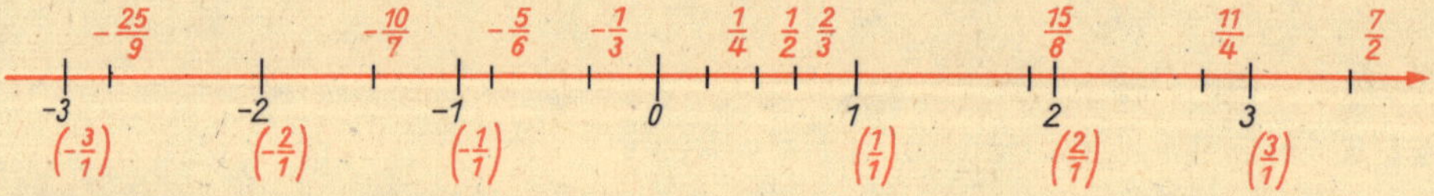

Zahlengerade

Natürlich ist, wie könnte es in der Mathematik auch anders sein, das riesige Zahlenreich auf das strengste geordnet. Es untergliedert sich in Grundbereiche. In der Schule unterscheiden wir:

1. natürliche Zahlen, wie 0; 1; 2; 3; ...
2. gebrochene Zahlen, wie $\frac{1}{2}, \frac{1}{3}, \frac{2}{3}$, aber auch $\frac{1}{1}, \frac{2}{1}, \frac{6}{2} = \frac{3}{1}$ usw.
3. ganze Zahlen, wie die unter 1. genannten, dazu -1; -2; -3; ...
4. rationale Zahlen, wie alle unter 1. bis 3. genannten, dazu $-\frac{1}{2}, -\frac{3}{4}$ usw.
5. reelle Zahlen, wozu alle unter 1. bis 4. genannten gehören, ferner Wurzeln, mit denen wir uns später beschäftigen werden, und jenes geheimnisvolle Pi, das uns im nächsten Kapitel begegnet.

Wenn Räder rollen

„Aber der Wagen, der rollt", heißt es in einem bekannten deutschen Volkslied. Wie lange rollt er eigentlich schon? Bei uns erst seit einigen Jahrhunderten, aber zwischen Euphrat und Tigris, wo ihm keine Wälder im Wege standen, bereits seit 6000 Jahren. Und die Menschen im Osten, neben den Babyloniern auch die Chine-

Orientalischer Kaufmannswagen

sen, ließen sich von dieser wunderbaren Erfindung zu einer wichtigen Rechnung inspirieren. Wäre diese Aufgabe nicht längst gelöst, müßten wir augenblicklich versuchen, diese Lücke im Menschheitswissen zu schließen. Fragestellung und Ergebnis sollten nicht nur Rad- und Kraftfahrer oder Lokomotivführer interessieren.

Im Orient ging es beileibe nicht nur um rollende Räder. Lebensnotwendig waren in diesen trockenen, dicht bevölkerten Gebieten auch Brunnen und ringförmige Schutzwälle. Das mathematische Problem, das sich damit stellte, enthält ein überlieferter babylonischer Keilschrifttext. In eine uns verständliche Sprache übertragen, heißt es dort (ohne Angabe von Maßeinheiten): „Ich habe 60 als Umfang gekrümmt.... Was ist der Durchmesser?“ Der Frage folgt die Antwort: „Der 3. Teil von 60 – 20 –, siehst du.“

Konstruiert wurden solche Kreise, etwa für den Bau eines Ringwalls, mit Hilfe eines angepflockten Seils. Daran erinnern noch die aus dem Griechischen stammenden Wörter Zentrum (Kreismittelpunkt) und Peripherie (Kreisumfang). Das erste ist abgeleitet von Stab (Pflock im Mittelpunkt), das zweite heißt, wörtlich genommen, das Herumgetragene, und es bezieht sich auf den Ritzstock am anderen Ende des Seiles.

Auch die Chinesen, eines der ältesten Kulturvölker der Erde, beschäftigten sich schon sehr früh mit dem Verhältnis der Maßzahlen von Kreisumfang und -durchmesser. Sie müssen in solchen Berechnungen anfangs die Krone ihrer Mathematik gesehen haben, denn in einer alten chinesischen Schrift wird behauptet, daß die „Wissenschaft der Zahlen“ vom Kreis stamme. Und weiter steht darin geschrieben: „Die rechtwinklige Figur soll der Erde entsprechen, die runde dem Himmel. Der Himmel sei der Kreis, die Erde das Quadrat.“ Hier hört nun die Wissenschaft auf, und der Aberglaube fängt an. Die Chinesen waren aber nicht die einzigen, die im Altertum hinter den mathematischen Zusammenhängen das Wirken dunkler, unerforschlicher Kräfte vermuteten. Auch die Griechen, darunter so bedeutende Gelehrte wie Pythagoras, mit dem wir uns im nächsten Hauptkapitel beschäftigen werden, huldigten der Zahlenmystik.

An ihre geheimnisumwitterten Figuren schrieben die alten chinesischen Mathematiker eine 4 bzw. eine 3. Was meinten sie damit? Sie wollten ausdrücken, daß der Umfang des Quadrates 4mal, der des Kreises 3mal so groß sei wie der zugehörige Durchmesser. Hierin stimmten sie mit ihren babylonischen „Kollegen“ überein.

Wie würden wir denn verfahren, wenn wir aus eigner Kraft jenes Verhältnis bestimmen sollten? Sehr praktisch vermutlich. Beispielsweise könnten wir ein Rad genau einmal abrollen lassen, seinen Durchmesser ermitteln und dann die erste Maßzahl durch die zweite dividieren. Das Ergebnis müßte um ein weniges größer sein als 3. Nach dieser nicht sehr wissenschaftlichen Methode hielten wir also in bezug auf Genauigkeit durchaus mit den altorientalischen Mathematikern Schritt. Aber die scheinen die Aufgabe nicht durch Probieren gelöst zu haben. (Dazu hätte ihnen wahrscheinlich auch ein geeignetes Bandmaß gefehlt.) Den aufgefundenen Dokumenten nach gingen sie rein theoretisch vor. Sie überlegten, zeichneten und rechneten. Zum Beispiel beschrieben sie einem Kreis ein regelmäßiges Sechseck ein und erfaßten, daß dessen Umfang genau die 3fache Länge des Durchmessers hat. Warum ist das so?[7]

Zeichnet man Vielecke in einen Kreis, erkennt man schnell, daß der Unterschied zwischen dem gekrümmten und dem geradlinigen Umfang um so kleiner wird, je größer man die Anzahl der Vieleckseiten wählt. Wie Abbildungen aus dem 3. Jahrhundert unserer Zeitrechnung zeigen, legten die Chinesen später ihren Kreisberechnungen ein 12-Eck zugrunde.

Noch viel weiter ging Archimedes, der größte Mathematiker des Altertums (etwa 287 bis 212 v. u. Z.), ein Grieche. In einen Kreis und um ihn herum zeichnete er je ein 96-Eck. Seine Berechnung ergab, daß der Umfang des äußeren, etwas größeren Vielecks die $3\frac{1}{7}$ bzw. $3\frac{10}{70}$fache, der des inneren dagegen „nur“ die $3\frac{10}{71}$fache Länge des jeweiligen Durchmessers hat. Also mußte die entsprechende Verhältniszahl für den Kreis ganz dicht bei dem Mittel aus diesen beiden Werten liegen, und das beträgt rund 3,1419. Das bedeutet, Archimedes hatte für den Kreisumfang die 3,1419fache Länge des zugehörigen Durchmessers ermittelt. Damit stellte er einen Genauigkeitsrekord auf, der sehr lange bestehen blieb. Ja, seine Zahl genügt den meisten Ansprüchen noch heute. Allein damit vollbrachte er eine überragende Leistung. Daneben noch viele andere. Einige werden in diesem Buch noch zu würdigen sein.

Doch wie man es auch dreht und wendet, es ist keine *gebrochene* Zahl zu finden, die das Verhältnis von Kreisumfang zu -durchmesser aufs letzte genau angibt. Weder eine mit einem Bruchstrich noch eine mit einem Komma dargestellte. Selbst dann nicht, wenn man die letztere mit 50; 100 oder gar 1000 Stellen nach dem Komma schriebe. Eine vertrackte Sache! Hier sind zwei Zahlenbereiche im Spiel.

„Ratio" (aus dem Lateinischen) bedeutet soviel wie Verstand oder Vernunft, aber auch *Verhältnis.* Und rationale Zahlen erhält man aus Verhältnissen wie $1:2$ (1 zu 2) $= \frac{1}{2}$ oder $3:4 = \frac{3}{4}$. Alle haben ein gemeinsames, einfaches Merkmal: Sie lassen sich (falls sie es nicht schon sind) durch einen gemeinen Bruch darstellen. Zum Beispiel:

$$0{,}8\overline{3} = \frac{5}{6} \qquad -1{,}7 = -\frac{17}{10} \qquad 0{,}125 = \frac{1}{8}$$

Sogar die folgende Behauptung ist wahr, und es liegt bei dieser Gleichung keinerlei Rundung vor: $1{,}\overline{9} = \frac{2}{1}$. Die Erläuterung dazu findet sich unter „Aufgabenlösungen".[8]

Anders die irrationalen Zahlen. Sie können weder in Bruchschreibweise genau wiedergegeben werden, noch nehmen sie nach dem Komma jemals ein Ende. Selbst nach der millionsten Stelle

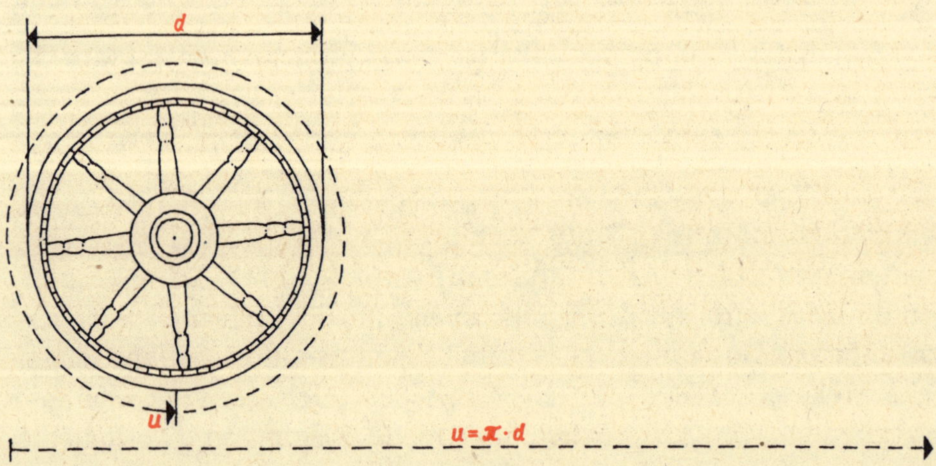

ergäbe sich bei ihnen noch keine Periode, keine Wiederholung der Ziffernreihenfolge.

Wie verhext! möchte man ausrufen, wenn man Kreisumfang und -durchmesser miteinander vergleicht. Ist die eine Maßzahl rational, dann erweist sich die andere als irrational. Volkstümlich heißt so etwas: „Sie passen nicht unter einen Hut.“ Sie sind „inkommensurabel“ (nicht durch gleiches Maß meßbar), sagen die Mathematiker.

Trotz alledem kann man genau angeben, wie sich der Umfang eines Kreises zu seinem Durchmesser verhält. Er ist π (gesprochen pi) mal so lang. In der Formelsprache der Mathematik schreibt man:

$$u = \pi d.$$

Eine wichtige Zahl, dieses irrationale π, aber der „Länge“ nach ein endloses Ungeheuer. Ein Japaner, so berichteten Zeitungen, konnte die Ziffernfolge bis zur 15 151. Stelle nach dem Komma aus dem Gedächtnis aufsagen. Er habe dazu 3 Stunden und 10 Minuten gebraucht.

Im täglichen Leben begnügen wir uns gewöhnlich mit 2 Stellen hinter dem Komma. Das heißt, wir verwenden für π die Näherungszahl 3,14. Die erhält man auch, wenn Archimedes’ Ergebnis auf 2 Dezimalstellen gerundet wird ($3{,}1419 \approx 3{,}14$).

Rechne, Buddha!

In hohem Ansehen stand die Mathematik auch im alten Indien. Vor 2 500 Jahren lebte dort ein Fürstensohn namens Siddhartha. Der zog zunächst als Bettler durchs Land und hatte viel Zeit, über das Leben, über Gott und die Welt nachzudenken. Unter einem Feigenbaum liegend, kam ihm schließlich die Erleuchtung, wie die Menschen ihr Dasein gestalten müßten, um mit ihrem Schicksal zufrieden zu sein. Er sammelte Scharen von Anhängern, wanderte mit ihnen von Ort zu Ort und predigte vor vielen Zuhörern, erklärte ihnen seine Erkenntnisse. Unter anderem lehrte er: „Seid bescheiden und giert nicht nach Geld und Gut, denn das Begehren erzeugt nur Leiden!“ Schnell verbreiteten sich diese Ideen. Siddhartha bekam den Ehrennamen Buddha, „der Erleuchtete“, und die neue

Der tausendarmige Buddha

Religion wurde Buddhismus genannt. Heute spielt sie in Indien kaum noch eine Rolle. Aber die indische Mathematik erhielt im Altertum durch sie großen Auftrieb. Das hing sicherlich mit dem Leben des Religionsstifters zusammen. Man erzählte von ihm, daß er mit 8 Jahren Lesen, Schreiben und Rechnen gelernt und zeitlebens großen Wert auf Bildung gelegt habe. Als er um ein Mädchen warb, sei ihm im Wettkampf mit einem anderen eine schwierige Rechenaufgabe gestellt worden. Die hätte er mit Bravour gelöst und damit den zweiten Heiratskandidaten aus dem Feld geschlagen. Das machte anscheinend Schule, denn in einem späteren indischen Mathematikbuch mit dem Titel „Lilavati" – auf deutsch „Die Schöne" – heißt es, daß Berechnungen über Lotosblumen „vor den glitzernden Augen des schönen Mädchens" ausgeführt wurden. Wahrscheinlich gehörte das Rechnenkönnen zu den männlichen Tugenden, gewiß in Anlehnung an Buddha.

Ihm war bei seiner Brautwerbung aufgetragen worden, die Anzahl der Atome im Bereich einer Meile anzugeben. Nun wissen wir nicht, wie man sich damals einen so winzig kleinen, unsichtbaren

Baustein der Natur vorstellte und wie jene Längeneinheit mit unserem Maß anzugeben ist. Ein bequemer Rechner könnte meinen, daß die gesuchte Anzahl unendlich groß sein müsse. Aber das stimmt nicht. Es muß ja ein letztes Atom geben, das die am Ende verbleibende Lücke gerade füllt, eines, von dem man sagen kann: „Nur noch das und keines weiter." So dachte auch Buddha. Er ermittelte eine riesige Zahl. Die einen behaupten, sie sei fünfzehnstellig gewesen. Andere geben sie genau an. Danach lautete das Ergebnis:

$$384 \cdot 7^{13},$$

wobei, wollte man die zweite Zahl ausschreiben, die Sieben 13mal als Faktor gesetzt werden müßte. Das Produkt wird allerdings „nur" 14stellig.

Es bleibt auf alle Fälle eine Riesenzahl, von der die Inder meinten, daß allein Buddha sie begreifen könne und daß sie „eine Idee erwecken soll von allem, was da ist, von der unerschöpflichen, unbegrenzten Natur ... und von der Verkettung der Gesetze, welche die unendliche Entwicklung der Welten bilden". Fortan hatten die Inder eine besondere Vorliebe für große Zahlen, und sie mußten sich um eine eindeutige und übersichtliche Schreibweise dafür bemühen.

Das Werk des Teufels?

2 000 Jahre nach Buddha wurde am Rathaus einer alten deutschen Stadt ein Erker erneuert. Jetzt glänzt darüber eine „schmucke" Zahl. Die Kehrseite ihrer Schönheit besteht darin, daß viele Vorübergehenden sie nicht lesen können. In Goldschrift ausgeführt, lautet sie:

M D L X X V I I I .

Das ist das Baujahr. Dessen „Entzifferung" führt uns, wenngleich auf Umwegen, noch einmal zurück nach Indien.

Ein kurzer Besuch gilt zunächst den Römern. Ihr Kaiser Cäsar und seine Nachfolger hatten viele Länder erobert, aber nicht die Mathematik. Trotzdem verbreiteten sich die römischen Zahlzeichen, die heute nur noch selten, vor allem zu dekorativen Zwecken verwandt werden, im Mittelalter weit über Europa. Zwar gab es im

Osten längst etwas viel Besseres, aber nur langsam bewegte es sich, zum Beispiel von Kaufleuten auf Karawanenstraßen mitgeführt, nach Westen.

Dort schrieben die Römer und viele andere Europäer weiter umständliche Additionsaufgaben an Stelle von Zahlen, denn jedes Zeichen – wie in jener Rathausinschrift – stellt einen Summanden dar. Also kann man das angegebene Baujahr nicht einfach ablesen, sondern man muß es sich errechnen, indem man Zahl um Zahl addiert. In unserem Beispiel heißt die Aufgabe:

$$1000 + 500 + 50 + 10 + 10 + 5 + 1 + 1 + 1 = 1578.$$

Ohne Hilfsmittel konnte man mit derartigen Zahlenkonstruktionen überhaupt nicht rechnen. Dazu brauchte man Rechenbretter mit Kugeln oder Steinchen, die an Drähten oder in Rillen hin- und hergeschoben wurden. Nach getaner Handarbeit mußte das Rechenbrettergebnis wieder in jene schwerfällige Zeichensprache zurückübersetzt werden.

Erst Ende des 15., Anfang des 16. Jahrhunderts verschwanden die unhandlichen römischen Zahlzeichen aus den Geschäftsbüchern der meisten europäischen Kaufleute. Das Neue, Bessere war endlich durchgedrungen. Weil es aus nichtchristlichen Ländern kam, hatten es einflußreiche Kirchenvertreter als „Teufelswerk“ geschmäht und seine Ausbreitung im christlichen Abendland mit allen Mitteln zu verhindern gesucht.

Doch den Siegeszug dieser „heidnisch-teuflischen“ Zeichen konnten sie nur bremsen, nicht aufhalten. In Europa begann er in

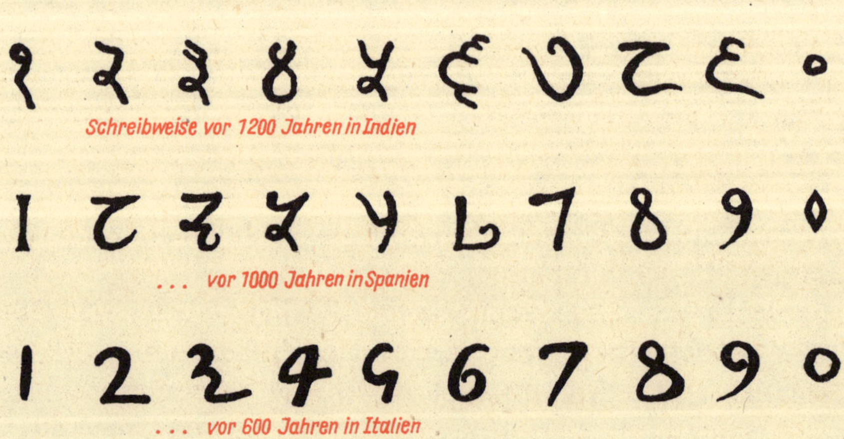

Zur Entwicklung der indisch-arabischen Ziffernzeichen

Spanien, das zu Beginn des 8. Jahrhunderts von den Arabern erobert worden war.

Heute schreibt man Zahlen fast überall mit arabischen Ziffern, das heißt so, wie wir es gewohnt sind. Der historischen Wahrheit halber bezeichnet man sie besser als arabisch-indische Zahlzeichen, obwohl man ihren Entwicklungsweg nicht mehr genau nachzeichnen kann. Erst nach und nach und unter vielen Änderungen und Abwandlungen bildete sich ihre heutige Form heraus.

Mit den neuen Zeichen kam aus dem Osten auch ein neues, besseres Zahlensystem. Es hat gegenüber dem alten den großen Vorteil, daß man in ihm eine Zahl sofort im ganzen erfassen kann. Dabei addieren wir, ohne es recht zu merken. Oder überlegen wir etwa beim Lesen und Schreiben, daß sich beispielsweise die Zahl 1578 aus der Addition von 1 Tausender, 5 Hundertern, 7 Zehnern und 8 Einern ergibt? Wir können uns die Rechnung sparen, weil wir auf einen Blick erkennen, an welcher Position, an welcher Stelle, eine Ziffer steht. Und da bestehen zwischen gleichen Zeichen große Unterschiede. Vergleichen wir nur die beiden Einsen in 100 001. Die erste hat den hunderttausendfachen Wert der zweiten. Damit wir auch über sehr große Zahlen die Übersicht behalten, schreiben wir sie in Dreierbündeln. Der „Riese“, den Buddha ausrechnete, lautete ungefähr 37 205 379 990 000. Noch gewaltiger nimmt sich das zugehörige Zahlwort aus: siebenunddreißigbillionenzweihundertfünfmilliardendreihundertneunundsiebzigmillionenneunhundertneunzigtausend.

Da hierbei der Wert einer Ziffer allein von der Position (Stelle) abhängt, die sie innerhalb einer Zahl einnimmt, handelt es sich um ein Positions- oder Stellenwertsystem. Die älteste Urkunde über das Auftreten unseres heutigen Systems (mit der Grundzahl 10) stammt aus Indien, und zwar datiert sie aus dem Jahr 595 u. Z. Man vermutet, daß auch die Babylonier ihren Anteil an der Entwicklung dieser großartigen Neuerung hatten, vielleicht noch andere Völker des Ostens.

Aber die Inder setzten dem Neuen die Krone auf. Sie ließen nämlich das Nichts nicht mehr nichts sein. Sie erdachten ein Zeichen für leere, für nichtbesetzte Positionen. Das heißt: Sie erfanden die Null.

„Was ist das schon“, könnte jemand bei oberflächlicher Betrachtung meinen, „so ein Kringel.“ Es war (und bleibt) eine große Erfindung. Erst durch sie funktioniert unser Stellenwertsystem. Wie mißverständlich wären zum Beispiel die beiden Einsen in 100 001 ohne die ausgefüllten Leerstellen! Man könnte sie als 11 oder – mit einer mehr oder weniger großen Lücke dazwischen – 101, 1 001, 10 001 deuten. Zunächst setzten die Inder an die Stelle des Leeren einen Punkt. Später zeichneten sie dort einen Kreis. Daraus entstand schließlich die Null in ihrer heutigen Form. Sie ist eine Art Stellwerk in unserem dezimalen (auf die Grundzahl 10 bezogenen) Stellenwertsystem, denn sie weist den anderen Ziffern die richtigen Gleise zu.

Wenn es bis heute noch kein Zeichen für das Nichts geben würde, ob wir wohl von selber daraufkämen? An und für sich ist es nicht üblich, das Leere ausdrücklich als leer zu erklären. Den Erfindern der Null gebührt Achtung, wenn nicht gar Bewunderung.

Wer jedoch erklärt, er habe ein bestimmtes Ergebnis so gut wie richtig errechnet, es enthielte „nur eine Null“ zuviel oder zuwenig, der irrt sich sehr.

Größenordnungs- bzw. Stellenwertfehler sind schlimme Fehler! Schon mancher, der damit Schaden anrichtete, bekam das deutlich zu spüren.

Abrakadabra

In alten mathematischen Schriften, vor allem aus dem Orient, finden sich häufig „Zaubereien“ mit Zahlen. In bestimmten Zusammenstellungen (Anordnungen) sollten sie Glück bringen (Talisman sein), Geister bannen, Götter besänftigen, Krankheiten heilen oder gar Gold herstellen helfen. Abrakadabra, dreimal schwarzer Kater! Den Hokuspokus von damals betrachten wir heute als Unterhaltungsspiel. Wir halten nichts mehr von geheimnisvollen Kräften, die von zahlenbeschriebenen Vierecken herrühren sollen. Der mystische Name allerdings ist geblieben. Wer kennt sie nicht – die magischen (zauberhaften) Quadrate?

Eines der ältesten, vielleicht sogar das erste, die Urfigur, stammt aus China. Es enthält, quadratisch angeordnet, die natürlichen Zahlen von 1 bis 9 in folgender Verteilung:

4 9 2
3 5 7
8 1 6.

Wie bei allen anderen Zauberquadraten besteht hier die vermeintliche Magie darin, daß viele Wege zum Ziel führen. Beim Addieren erhält man in dem vorliegenden Fall ein und dieselbe Summe auf 8 verschiedene Art und Weisen. Wie man die Dreiergruppen auch zusammenzählt – waagerecht, senkrecht oder diagonal –, immer lautet das Ergebnis 15.

Eine besondere Bedeutung kommt in dem gegebenen Beispiel der Zahl im Zentrum zu. Sie spielte im Altertum bei den Chinesen eine große Rolle, denn es existierten nach ihrer Meinung von vielen wichtigen Dingen genau „eine Handvoll". Nämlich: 5 Elemente (Erde, Holz, Feuer, Metall, Wasser), 5 Himmelsrichtungen (Zentrum, Norden, Osten, Süden, Westen), 5 Metalle (Gold, Silber, Kupfer, Blei und Eisen), 5 Farben (Gelb, Blau, Rot, Weiß, Schwarz), außer der Erde noch 5 Planeten (Merkur, Venus, Mars, Jupiter, Saturn).

Eine Legende bezieht sich gar auf die Zahlen, die jene 9 Felder beim Durchnumerieren erhalten, also:

1 2 3
4 5 6
7 8 9.

Danach seien in einem altchinesischen „Tempel der Erleuchtung" die Räume nach diesem Muster angelegt und gezählt worden. Folgendermaßen habe man sie mit Thronen bestückt: In dem Zimmer in der Mitte stand keiner, in denen mit „weiblicher" (gerader) Zimmernummer jeweils 2, in denen mit „männlicher" (ungerader) dagegen stets nur einer. Zusammen waren es demnach 12, ein Dutzend, und mit dieser Zahl hatten die Weisen im Tempel viel zu schaffen. Sie mußten unter anderem dafür sorgen, daß der Kalender die Jahreszeiten richtig widerspiegelte. So stießen sie bei ihren Beobachtungen und Berechnungen immer wieder auf das Dutzend: 12 gleiche Mondphasen (wie Neu- oder Vollmond) gibt es in einem Jahr. Das führte zu 12 Monaten. Und 12 verschiedene Sternbilder scheint die Sonne in dieser Zeit zu durchwandern. (In Wirklichkeit „wandert" die Erde.)

Kupferstich von Albrecht Dürer mit einem magischen Quadrat

Wer sich selbst als Magier versuchen möchte, der darf nicht wild darauflosprobieren. Die Mathematik hat ihre Gesetze. Danach muß die Längs- und Quer- und Diagonalsumme in einem magischen 3er-Quadrat mit den Zahlen 1 bis 9 stets 15, in einer 4er-Anordnung (1 bis 16) immer 34 und in einer 5er-Gruppierung (1 bis

25) in jedem Fall 65 betragen. Das Warum ist nicht schwer zu ergründen. Nach der Methode von Carl Friedrich Gauß (vgl. Kapitel „Ligget se“, Seite 7) läßt sich die Gesamtsumme aller Zahlen in einem solchen Quadrat schnell errechnen. Davon entfällt dann auf 1 Zeile, Spalte oder Diagonale der entsprechende Bruchteil, also $\frac{1}{3}$ bzw. $\frac{1}{4}$ oder $\frac{1}{5}$. Auf die oben angegebenen Teilsummen bezogen, bedeutet das:

$15 = 45:3 \qquad 34 = 136:4 \qquad 65 = 325:5.$

Welche Summe erhält man dann, wenn man in einem 6er-Quadrat die Zahlen einer Zeile, Spalte oder Diagonale addiert?[9]

Aber die „richtige“ Mathematik arbeitet nicht mit Zahlenbeispielen. Sie verallgemeinert. Wäre es nicht irreführend, wenn jemand behauptete, man müsse die Fläche eines Quadrats ausrechnen, indem man die Maßzahl 4 mit sich selbst multipliziert? „Warum gerade 4, warum nicht 5 oder 6?“ würden wir fragen. Also drückt man die Berechnung aller denkbaren Fälle durch eine einzige Formel aus. Für unser Beispiel heißt sie: $A = a^2$.

Versuchen wir nun, das „Geheimnis“ der magischen Quadrate auf die gleiche Weise, das heißt durch eine Verallgemeinerung, aufzudecken. Wir setzen dabei voraus, daß die größte im Quadrat vorkommende Zahl mit dessen Felderanzahl übereinstimmt, und nennen sie n. Zum Beispiel:

bei 25 Feldern größte Zahl = 25 = n.

Um zunächst die Gesamtsumme zu erhalten, addieren wir, wie Gauß, die erste und die letzte (größte) Zahl. In der mathematischen Formelsprache kommen wir somit auf den Ausdruck $1 + n$. Da es aber nur halb soviel Paare wie Einzelzahlen in diesem Bereich gibt, müssen wir die gesuchte Gesamtsumme S so errechnen:

$$S = \frac{n}{2} \cdot (1 + n).$$

Das ist genau die Formel, die den Gaußschen Trick bei der Summation der natürlichen Zahlen von 1 bis 100 wiedergibt. Dabei war $\frac{n}{2} = 50$ und $(1 + n) = 101$. Jetzt brauchen wir nur noch einen verallgemeinernden Ausdruck für die Anzahl der Zeilen und Spalten in einem magischen Quadrat dieser Art. Multipliziert man die Zeilenzahl mit sich selbst, erhält man die Anzahl aller Felder = n. Umgekehrt muß man die Quadratwurzel ziehen. Zum Beispiel:

25 Felder = n; Anzahl der Zeilen bzw. Spalten = $\sqrt{25}$ (sprich: „Quadratwurzel aus 25") = 5 = $\sqrt{n}$.

Für die „magische" Summe, die für *jedes* derartige Quadrat zutrifft, ergibt sich daraus diese Formel:

$$\text{Summe einer Zeile, Spalte, Diagonale} = \frac{n}{2\sqrt{n}} \cdot (n + 1).$$

Auf ein 7er-Quadrat angewandt, lautet die Rechnung:

$$S_{Z,S,D} = \frac{49}{2 \cdot 7} \cdot (49 + 1) = \frac{49}{14} \cdot 50 = 7 \cdot 25 = 175.$$

Wie steht es aber um eine 2er-Anordnung mit den Zahlen 1 bis 4? Welche Einschränkung ergibt sich für n?[10]

Wolf und Ziege

Viele Mathematikaufgaben aus dem alten Orient überdauerten die Jahrhunderte oder gar Jahrtausende. Sie wanderten um den Erdball. Einige wurden im Mittelalter in die ersten handgeschriebenen westeuropäischen „Lehrbücher" aufgenommen. Davon werden einige „Exempel" noch heute nachgedruckt. Zum Beispiel das folgende:

„Ein Wolf, eine Ziege und eine Ladung Kohl müssen in einem Boot über einen Fluß gebracht werden. Außer dem Fährmann kann der Kahn jedoch nur einen dieser Passagiere tragen. Wie muß der Bootsführer verfahren, um sie alle hinüberzubringen, ohne daß der Wolf die Ziege oder diese den Kohl frißt?"[11]

Von Kaiser Karl dem Großen (742 bis 814) heißt es, daß er gern gerechnet und eine beliebte, inzwischen ebenfalls weitverbreitete altorientalische Aufgabe im Handumdrehen bei Tische gelöst habe. Sie lautet:

„Ein Hund verfolgt ein Kaninchen, das anfänglich einen Vorsprung von 150 Fuß hat. Er springt jedesmal 9 Fuß weit, während das gejagte Tier in der gleichen Zeit immer nur Sprünge von 7 Fuß macht. Nach wieviel Sprüngen hat der Hund das Kaninchen eingeholt?“ [12]

In der „Schönen“, dem bereits erwähnten indischen Rechenbuch „Lilavati“, findet sich ein poetisch verkleidetes Problem zur Bruchrechnung. Es heißt:

„Aus einem Haufen reiner Lotosblumen wurde je der dritte, der fünfte und der sechste Teil den Göttern SIVA, VISCHNU und der Sonne dargebracht. Ein Viertel erhielt der BHAVANI“ (wer das auch immer sein mag). „Die übrigen sechs Lotos wurden dem ehrwürdigen Lehrer gegeben. Sage mir schnell die Anzahl der Blumen!“ [13]

WENN OCHSEN ERZITTERN

Das geheimnisvolle Zeichen

Es war zu der Zeit, als auf dem Olymp, dem höchsten Berg Griechenlands (2918 m), noch Götter wohnten und thronten, also weit vor unserer Zeitrechnung. Müde und abgespannt, kaum noch imstande, weiterzugehen, kehrte ein Wanderer in einem entlegenen Gasthof ein. Aber Speise und Trank stärkten ihn nicht. Ihm wurde immer elender, und er fühlte sein Ende herannahen. Der Wirt tat sein Möglichstes. Er pflegte den Kranken aufopferungsvoll. In seiner letzten Stunde verlangte der Fremde nach einer kleinen Tafel.

Darauf zeichnete er mit matter Hand einen fünfzackigen Stern. Den Wirt konnte er gerade noch bitten, dieses Zeichen gut sichtbar an dem gastlichen Hause anzubringen. So würde ihm eines Tages seine Wohltat reichlich gelohnt werden.

Nach einer geraumen Zeit bemerkte ein vornehm gekleideter Reisender, den es zufällig in diese Gegend verschlagen hatte, den fünfzackigen Stern über der Eingangstür. Verwundert suchte er augenblicklich den Wirt auf und erkundigte sich bei ihm, was es damit für eine Bewandtnis habe. Als der Fremde die Geschichte erfahren hatte, gab er dem guten Mann eine fürstliche Belohnung. Somit erfüllte sich das Versprechen jenes kranken Wanderers.

Er und der vornehme Reisende gehörten ein und derselben Vereinigung an, einem Geheimbund. Seine Mitglieder waren verpflichtet, miteinander durch dick und dünn zu gehen und sich bis zum Äußersten füreinander einzusetzen. Sie erkannten sich gegenseitig an dem Pentagramm, jenem fünfeckigen Stern, den die alten Völker als ein heiliges Zeichen betrachteten.

Gegründet hatte diesen Bund eine ebenso berühmte wie umstrittene Persönlichkeit, ein weltbekannter Mathematiker: Pythagoras von Samos. Wenn heute eine Reihe Straßenpassanten nach seiner Bedeutung gefragt würden, dann wüßten wahrscheinlich die meisten etwas Richtiges zu sagen. Manche kleideten ihre Antwort sicherlich in eine Formel und äußerten nichts weiter als das:

$a^2 + b^2 = c^2$ („a-Quadrat plus b-Quadrat gleich c-Quadrat").

Es ist dies der pythagoreische Lehrsatz. Was sich hinter ihm verbirgt, erlangte eine geradezu legendäre Berühmtheit. Anschaulich dargestellt, wurde es zu einem weitverbreiteten mathematischen

$a^2 + b^2 = c^2$

Symbol. Unter anderem ziert es die Türen mancher Schulräume und gibt zu erkennen, welches Fach dort gelehrt wird. Keine andere Formel wurde je mit einer derartigen Fülle von „Gesichtern“ versehen.

Die Zeichnung gibt eine Probe.

Eine Botschaft fürs All?

Was bedeutet das vielgenannte „a-Quadrat plus b-Quadrat gleich c-Quadrat“? Es besagt, daß bei einem rechtwinkligen Dreieck die Flächeninhalte der beiden Quadrate über den Katheten, den kürzeren Seiten (a und b), zusammengenommen genauso groß sind wie der des Quadrats über der größten Seite, der Hypotenuse (c). Für $a = 3$ cm, $b = 4$ cm und $c = 5$ cm ist demnach zu rechnen:

$$(3\ \text{cm})^2 + (4\ \text{cm})^2 = (5\ \text{cm})^2.$$

Das ergibt:

$$9\ \text{cm}^2 + 16\ \text{cm}^2 = 25\ \text{cm}^2.$$

Diesen Sachverhalt zu kennen, traute man auch den vermeintlichen Bewohnern fremder Planeten zu. Nachdem in den achtziger Jahren des vorigen Jahrhunderts ein italienischer Astronom in seinem Fernrohr auf dem Mars, einem unsrer Himmelsnachbarn, kanalartige dunkle Streifen (canali) zu sehen geglaubt hatte, verbreitete sich auf der Erde ein regelrechter Planetenmenschenrummel. Man war überzeugt, daß im Weltall „Geschwister“ der Erdenbewohner existierten.

Heute wissen wir, daß das – soweit unsere „Einblicke“ reichen – nicht der Fall ist.

Mit der außerirdischen „Verwandschaft“ wollte man Kontakt aufnehmen. Aber wie? Es blieb nur die Zeichensprache. Ein Wissenschaftler schlug vor, möglicherweise im Scherz, das geometrische Bild des pythagoreischen Lehrsatzes ins Weltall zu signalisieren. In einer geeigneten Ebene, etwa in der Wüste Sahara, sollte das Dreieck mit den drei Quadraten riesengroß in Leuchtzeichen angebracht werden. Wenn unsere „Brüder“ und „Schwestern“ auf einem fremden Planeten das mit Hilfe einer hochentwickelten Technik erkennen könnten, dann würden sie es wohl auch begreifen und uns in geeigneter Form antworten.

Wahrheit oder Legende?

Über Pythagoras selbst wissen wir nur wenig Verbürgtes. Professor Lietzmann, ein bekannter Mathematiker, schrieb: „Wann Pythagoras von Samos lebte, ist nicht sicher bekannt: Nach den einen ist er 569 v. u. Z. geboren und 470 gestorben, nach anderen ist seine Geburt bereits in das Jahr 580, sein Tod etwa in das Jahr 500 zu setzen.“ Wahrscheinlich habe er Ägypten, vielleicht auch Babylonien besucht und von dort entscheidende Anregungen mitgebracht. Längere Zeit lebte Pythagoras in Unteritalien. Dort, in Kroton, gründete er jenen Geheimbund, den man später den „Orden der Pythagoreer“ nannte und der einige Jahrzehnte nach Pythagoras' Tod verboten wurde.

Die Sitten und Gebräuche sowie die Anschauungen, die bei den Geheimbündlern herrschten, muten uns seltsam an. Besonders verwunderlich erscheint die Vermischung krasser Gegensätze: von Wissenschaft und Aberglauben, von Fort- und Rückschritt. Auf der einen Seite drangen Pythagoras und seine Schüler tief in die Mathematik ein, auf der anderen vertraten sie die Meinung, daß Zahlen, ein Werk der Menschen, etwas Göttliches seien und daß (etwas nebelhaft!) das „Wesen der Welt“ in der „Harmonie der Zahlen“ bestehe.

Beispielsweise lehrte Pythagoras, daß die Erde die Gestalt einer Kugel habe. Aber diese Behauptung leitete er nicht aus naturwissenschaftlicher Forschung ab, sondern aus einer Glaubensvorstellung. Danach erachtete er die Kugelform als vollendet-göttlich, und nur so könne der Schöpfer die Erde, sein Werk, gebildet haben.

Für die Ordensmitglieder galten strenge Vorschriften. Sie gebo-

Pythagoras

ten ihnen, sich nur von pflanzlicher Nahrung zu ernähren (das heißt, kein Fleisch zu essen), eine bestimmte Kleidung zu tragen und über alle Ordensangelegenheiten strengstes Stillschweigen zu bewahren. Partei ergriffen die Pythagoreer nicht für die Sklaven, sondern für die Sklavenhalter. In ihren Zusammenkünften sahen sie ihren „Meister“ nicht von Angesicht zu Angesicht. Nur seine Stimme durfte hinter einem Vorhang erklingen.

Wer sich dem Bund anschloß, hatte an eine merkwürdige Art der Unsterblichkeit des Menschen zu glauben. Die Pythagoreer stellten sich nämlich vor, daß die menschliche „Seele“ nach dem Tod ihres Trägers in andere Körper eingeht, in höhere oder niedere. Also auch in Tiere. Darum erscheint es sehr fraglich, ob Pythagoras den Göttern wirklich jenes Opfer darbrachte, von dem immer und immer wieder berichtet wird. Der deutsche Dichter Adalbert von Chamisso faßte die berühmte Legende in Verse:

„Die Wahrheit, sie besteht in Ewigkeit,
Wenn erst die blöde Welt ihr Licht erkennt:
Der Lehrsatz, nach Pythagoras genannt,
Gilt heute, wie er galt zu seiner Zeit.

Ein Opfer hat Pythagoras geweiht
Den Göttern, die den Lichtstrahl ihm gesandt;
Es taten kund, geschlachtet und verbrannt,
Ein Hundert Ochsen seine Dankbarkeit.

Die Ochsen seit dem Tage, wenn sie wittern,
Daß eine neue Wahrheit sich enthülle,
Erheben ein unmenschliches Gebrülle;

Pythagoras erfüllt sie mit Entsetzen;
Und machtlos, sich dem Licht zu widersetzen,
Verschließen sie die Augen und erzittern.“

Auch Heinrich Heine befaßte sich mit der Opfergeschichte und der Seelenwanderung. Er spottete:

„Wer weiß! Wer weiß! Die Seele des Pythagoras ist vielleicht in einen armen Kandidaten gefahren, der durch das Examen fällt, weil er den pythagoreischen Lehrsatz nicht beweisen konnte, während in seinen Herren Examinatoren die Seelen jener Ochsen wohnen, die einst Pythagoras... den ewigen Göttern geopfert hatte.“

Wahrscheinlich opferte Pythagoras nicht einen einzigen Ochsen. Mit Sicherheit hingegen entdeckte er den Sachverhalt, den der nach ihm benannte Satz ausdrückt, nicht als erster. Nachweisbar wußten die Babylonier schon viel früher Bescheid. Vielleicht kannten auch die Ägypter bereits vor Pythagoras den Zusammenhang zwischen den Quadraten über den Seiten eines rechtwinkligen Dreiecks. Aber in diesen Ländern wurden, wie aus den Papyri und den Keilschrifttafeln hervorgeht, keine Beweise geführt. Man begnügte sich vielmehr mit Rechenbeispielen. Die griechischen Mathematiker gingen nun einen großen Schritt weiter: Was sie behaupteten, das bewiesen sie auch.

So begründete Pythagoras – oder war es einer seiner Schüler? – mathematisch exakt, warum die berühmte Gleichung $a^2 + b^2 = c^2$ für alle denkbaren Fälle (und nicht nur für einige spezielle Beispiele) gilt. Später wurden von Mathematikern aus vielen Ländern immer neue Beweise für die Richtigkeit des pythagoreischen Lehrsatzes erbracht. Heute kennt man über 100. Sie würden, mit den entsprechenden Erläuterungen, dieses Buch fast bis zum Ende füllen. Wir wollen uns hier auf einen einzigen beschränken. Er stammt nicht von dem „Meister" selbst, sondern von einem chinesischen Mathematiker.

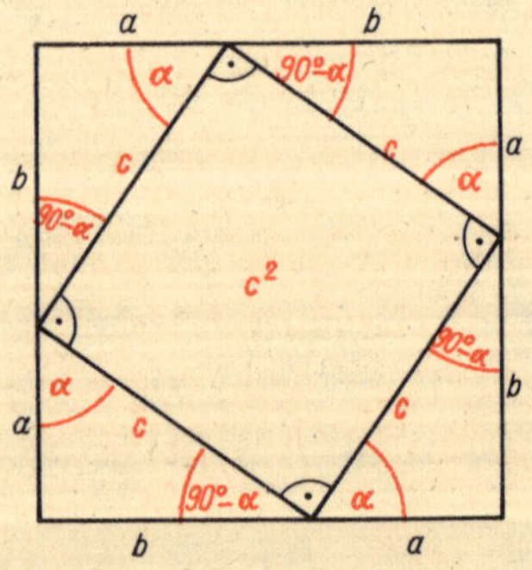

Ein chinesischer Beweis für den Lehrsatz des Pythagoras

Die Abbildung oben zeigt ein großes und ein in ihm einbeschriebenes kleineres Quadrat, das aus jenem 4 Dreiecke abtrennt. Alle 4 sind kongruent (gleich groß), denn sie stimmen in 1 Seite (jeweils der des inneren Quadrats) und den beiden anliegenden Winkeln (α und $90° - \alpha$) überein. Also kann man gleiche Bezeichnungen verwenden: für die längste Dreieckseite (die Hypotenuse) c, für die beiden anderen (die Katheten) a und b. Nunmehr läßt sich eine leicht überschaubare Gleichung bilden:

Fläche des Innenquadrats = Fläche des Außenquadrats − 4 Dreiecksflächen.

Mathematisch formuliert:

$$c^2 = (a + b)^2 - 4\frac{ab}{2}.$$

Und weiter:

$$c^2 = a^2 + 2\,ab + b^2 - 2\,ab = a^2 + b^2;$$ was zu beweisen war.

Zu erläutern ist noch, warum bei den 4 Dreiecken immer wieder die Winkel α und $90° - \alpha$ auftreten. Es hängt mit der Summe der Dreiecksinnenwinkel (= 180°) zusammen. Das Weitere versteht sich wohl ohne Hilfestellung. Und wenn man wissen will, wieso $(a + b)^2$ gleich $a^2 + 2\,ab + b^2$ ist, muß man so rechnen:

$$(a + b)^2 = (a + b) \cdot (a + b) = a \cdot a + ab + ab + b \cdot b$$
$$(a + b)^2 = a^2 + 2\,ab + b^2.$$

Natürlich fragt man sich nun, wie und wozu der Lehrsatz des Pythagoras anzuwenden ist. Sogar für die Feuerwehr kann er von Nutzen sein. Beispielsweise habe eine auf einem Löschfahrzeug montierte Leiter die stattliche Länge – und das gibt es in großen Städten – von 50 m. Welche Höhe an einem Haus erreichen die Retter aus der Not damit, wenn unten der Abstand von der Wand 20 m beträgt? Läßt man die Maßeinheiten weg, ergibt sich folgende Gleichung (l = Leiterlänge, h = Höhe am Haus, a = Abstand):

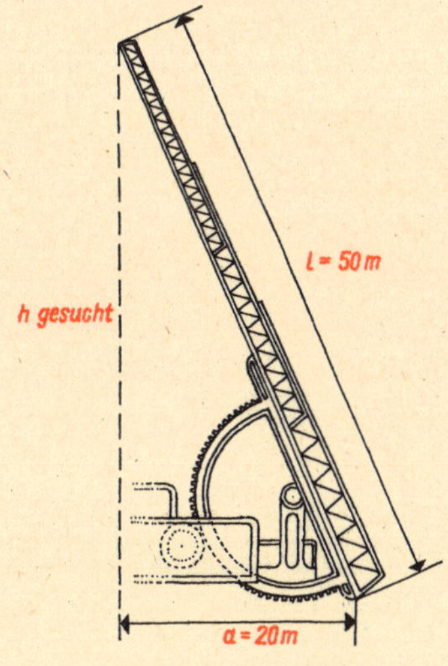

Die Feuerwehr und der pythagoreische Lehrsatz

$$a^2 + h^2 = l^2 \qquad h = \sqrt{50^2 - 20^2}$$
$$h^2 = l^2 - a^2 \qquad h = \sqrt{2\,500 - 400}$$
$$h = \sqrt{l^2 - a^2} \qquad h = \sqrt{2\,100}$$
$$h \approx 46; \text{ denn } 46 \cdot 46 \approx 2\,100.$$

Die Rettungsaktion kann also bis hinauf in 46 m Höhe erfolgen.

Kein Bruch – kein Verhältnis

„Zwei Dreiecke – zwei Welten", hätten die Pythagoreer sagen können, denn bei ihren Berechnungen stießen sie auf zweierlei grundverschiedene Zahlen. Die einen „mochten" sie, die anderen nicht. Je nachdem, wie lang sie ihre Dreieckseiten zeichneten, gerieten sie in diese oder jene Zahlenwelt.

Den Unterschied sollen zwei Beispiele zeigen. Wählt man für die Katheten eines rechtwinkligen Dreiecks die Längen 3 cm und 4 cm, so wird die Hypotenuse („automatisch") 5 cm lang. In diesem Fall verhält sich die kürzeste Seite zur längsten wie 3:5 (drei zu fünf). Anders ausgedrückt: Die kleinere Zahl macht $\frac{3}{5}$ der größeren aus. Ein ähnliches Verhältnis bilden die mittlere und die längste Seite, nämlich 4:5 bzw. $\frac{4}{5}$.

Sind die Katheten aber 2 cm und 3 cm lang, dann scheint in bezug auf diese Vergleiche die Mathematik zu versagen. Wie die kürzeren Seiten hier zur längsten stehen, dafür ergibt sich überhaupt kein Verhältnis wie 2:3 oder 3:4 oder so ähnlich. Das liegt an der Hypotenuse, denn diesmal läßt sich ihre Länge weder durch eine natürliche Zahl noch durch einen Bruch in der Form $\frac{a}{b}$ angeben.

Den Pythagoreern bereiteten solche Dreiecke viel Kopfzerbrechen. Es heißt, daß sie darüber an der Harmonie ihrer Zahlenwelt gezweifelt hätten. Aber sie entdeckten damit etwas Neues und für die Mathematik Wichtiges: den Bereich der irrationalen Zahlen (vgl. Kapitel „Wenn Räder rollen", Seite 49)

Irgendeine Maßzahl muß es natürlich für die Länge jeder Dreiecksseite und jeder Strecke geben, so auch für die der fraglichen Hypotenuse. Sie ist 3,6056... cm lang, wobei die Punkte besagen, daß es noch weitergeht. Weder nimmt diese Zahl ein Ende, noch stellt sich je eine Periode ein $\left(\text{wie bei } \frac{1}{7} = 0,\overline{142857}\right)$. Solche irrationalen „Schlangen" existieren in Hülle und Fülle, auch das erkundeten die Pythagoreer. Doch man kann für 3,6056... eine viel kürzere Schreibweise wählen, nämlich $\sqrt{13}$ (Quadratwurzel aus 13).

Eine närrische Tochter der Mathematik

„Jetzt schlägt es dreizehn", hört man manchmal jemanden sagen, der (empört) ausdrücken will: „Das geht zu weit; das kann man nicht dulden." Ein Uhrwerk schlägt aber höchstens 12mal. Und auch nur 12 „weise Frauen" waren zu Dornröschens Tauffest geladen. Daß noch eine weitere kam, schien nichts Gutes zu verheißen. Noch heute haftet der 13 der Geruch einer Unglückszahl an. In manchen Krankenhäusern wird sie als Zimmernummer übersprungen. Wie kam sie nur zu ihrem „schlechten Ruf"? Die Gründe reichen bis weit in die Vergangenheit zurück. Sicherlich besteht ein Zusammenhang mit der alten babylonischen Grundzahl 60 und ihrem vielgebrauchten Teiler 12. Mit der benachbarten 13 ließ es sich längst nicht so bequem rechnen. Sie war unhandlich.

Vor Jahrtausenden blühte besonders im Orient, unter anderem bei den Babyloniern und den Chinesen, die Zahlenmystik. Später setzten die Griechen diese Tradition fort, und als Aberglauben hat sie sich teilweise bis in unsere Zeit erhalten. So verlangt heute kaum jemand einen Strauß aus 2, 4, 6 oder 8 Blumen. Unbedingt ungerade soll deren Anzahl sein. Nach altorientalischen Vorstellungen konnte nämlich nur das Ungeradzahlige Glück bringen.

Mit Sicherheit gab es im Altertum mehr als 7 bewundernswürdige Bauwerke (wie die ägyptischen Pyramiden). Aber man wollte unter allen Umständen gerade die Siebenzahl, da sie als heilig galt, zu Ehren kommen lassen. Daher wurde man sich über die Auswahl der Sieben Weltwunder nie ganz einig. Bald rechnete man diesen, bald jenen Bau hinzu. Ähnlich war es mit den Sieben Weisen Griechenlands. In diesen ehrwürdigen Rang wurden dort im 7. und

6. Jahrhundert v. u. Z. die berühmtesten Gelehrten erhoben. Da aber die „heilige“ Zahl nicht ausreichte, erhielten die wenigsten einen Stammsitz in diesem Gremium. Mancher mußte seinen Platz zugunsten eines Kandidaten, der dieser Ehre noch würdiger erschien, wieder aufgeben. Einer blieb immer: Thales von Milet, der uns in diesem Hauptabschnitt noch begegnen wird.

Woher aber rührt die Sonderstellung der Sieben? Als man die Erde noch für den Mittelpunkt des Weltalls hielt, schienen 7 Planeten um sie zu kreisen (wozu auch die Sonne und der Mond gerech-

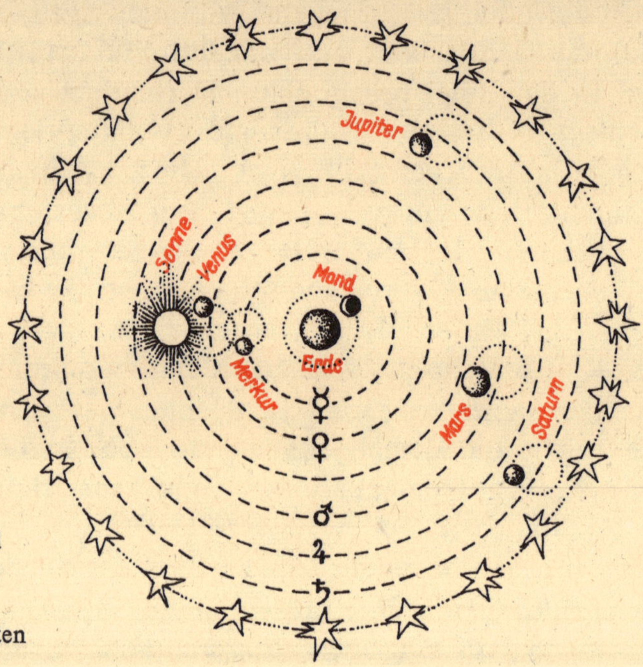

Das alte (falsche) Weltbild mit den 7 um die Erde kreisenden Planeten

net wurden). In der Bibel steht, Gott habe die Erde an 6 Tagen erschaffen und „segnete den siebenten Tag und heiligte ihn, darum daß er an demselben geruht hatte von allen seinen Werken“. Mit dem Sternhimmel und der biblischen Schöpfungsgeschichte hängt die Einteilung der Woche in 7 Tage zusammen. Zum alten orientalischen Weltbild gehörte auch die Vorstellung, daß sich die Sterne auf mehrere Kugelschalen um die Erde herum verteilen und daß im siebenten dieser „Himmel“ die Götter wohnten. Wem sehr wohl zumute ist, der fühlt sich bisweilen auch in unsrer Zeit noch „wie im siebenten Himmel“.

Auch in vielen anderen Bereichen spielt die einst heilige Sieben eine besondere Rolle. Da gibt es Märchen wie „Die Sieben Raben“ oder „Die Sieben Schwaben“, und sieben Zwerge sorgten sich um Schneewittchen. Ein Sternbild heißt Siebengestirn, obwohl dazu viel mehr als 7 Sterne gehören, und es verewigt eine Geschichte um 7 schöne Mädchen. Der „Turm von Babel“ (Babylon), der, einer Legende zufolge, ursprünglich „bis in den Himmel“ führen sollte, wurde auch der „Tempel der 7 Befehlsübermittler vom Himmel zur Erde“ genannt. Gemeint waren die Planeten. Der Ausdruck zeigt, welche Bedeutung man ihnen zuerkannte. Mit der Redensart „Das ist für mich ein Buch mit 7 Siegeln“ will man sagen, daß man von einer bestimmten Sache nichts versteht. Ein derart versiegeltes Buch wird in der Bibel beschrieben. Dort bildet sich neben der „heiligen“ auch die „böse“ Sieben heraus: 7 Donner grollen, 7 Engel gießen 7 „Schalen des göttlichen Zorns“ aus, und es kommen

Der Turm
zu Babel

7 Plagen über die Menschen, die schlimmstenfalls 7 Todsünden begehen können. In einem Kartenspiel, das im 15. Jahrhundert verbreitet war, trug die siebente Karte, mit der man alle anderen stechen konnte, das Bild des Teufels. Die Symbolik der Sieben spricht auch aus Anna Seghers' Roman „Das siebte Kreuz“: 7 Häftlinge fliehen aus einem faschistischen Konzentrationslager. In der Hoffnung, ihrer wieder habhaft zu werden, lassen die Henker 7 Holzkreuze errichten. Doch das sieb(en)te bleibt leer. Einer entkommt.

Noch viel weiter als die alten orientalischen Völker gingen die Pythagoreer. Man sagt ihnen nach, daß sie eine „närrische Tochter der Mathematik“ aufzogen. Zahlen behandelten sie wie etwas Gegenständliches, und sie unterstellten ihnen bestimmte „Bedeutungen“. So sahen sie in der 1 „aller Dinge Anfang, die Quelle und Wurzel der ewigen Natur“. Die 2 „verkörperte“ die Meinung, die 4 die Gerechtigkeit und die 5 die Ehe. Beinahe wie eine Gottheit verehrten sie die „Tetraktys“, die als „heilige Zehnzahl“ aus der Summe von 1, 2, 3 und 4 gebildet wurde. Ein Ordensmitglied schrieb, die Kraft der Zehnzahl sei „alles vollendend, alles wirkend ... und Führerin des göttlichen, himmlischen und menschlichen Lebens“. Was Wunder, daß sich die Geheimbündler um Pythagoras einen Himmel mit 10 Planeten wünschten. Aber die Natur kam ihrer Wunschvorstellung nicht entgegen.

Die „heilige“ Zehnzahl

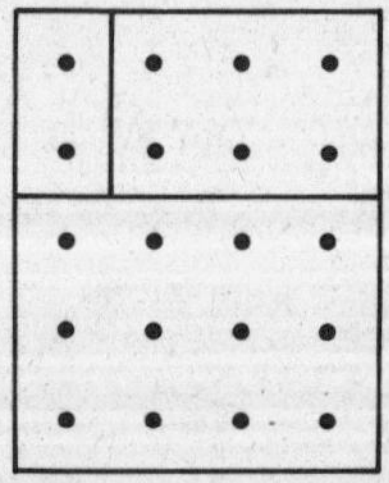

Rechteckzahlen

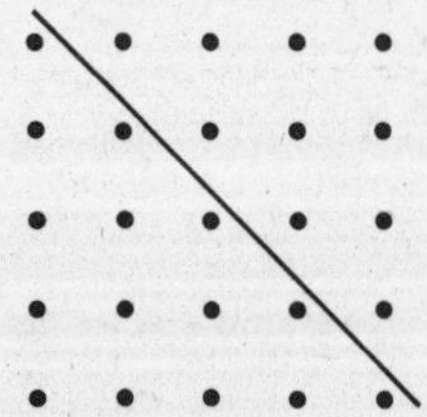

25 = 15 + 10

Gern stellten die Pythagoreer Zahlen in Form bestimmter Figuren dar. Sie bildeten aus ihnen, wie die Abbildungen zeigen, verschiedene Vielecke. Solche „figurierten Zahlen“ waren unter anderem die 2, 6, 9, 10, 12, 16, 25. Aus diesen Bildern leiteten sie auch Gleichungen ab, zum Beispiel die folgende: „Eine Quadratzahl (größer als 4) ist die Summe zweier Dreieckzahlen.“ Man findet diese Behauptung durch Zeichnungen bestätigt:

$$9 = 6 + 3 \qquad 16 = 10 + 6 \qquad 25 = 15 + 10.$$

Das hat nun freilich mit Zahlenmystik nichts mehr zu tun. Es ist wieder ernsthafte Mathematik, ebenso wie die Lehre von den *vollkommenen* Zahlen, die genauso groß sind wie die Summe ihrer Teiler (wenn man die 1 mitzählt, die Zahl selbst jedoch nicht).

Als Beispiele dafür gaben die Pythagoreer unter anderem 6, 28 und 496 an, denn

$$6 = 1 + 2 + 3$$
$$28 = 1 + 2 + 4 + 7 + 14$$
$$496 = 1 + 2 + 4 + 8 + 16 + 31 + 32 + 62 + 124 + 248.$$

Ähnliche Zerlegungen führen uns in einen ausgedehnten Bereich im Haus der Mathematik, in das Gebiet der Primzahlen.

Wo ist das Ende?

Viele natürliche Zahlen kann man nicht in Faktoren zerlegen. Sie lassen sich nur durch 1 und durch sich selbst teilen. Diese ursprünglichen oder (fremdwörtlich ausgedrückt) Primzahlen, wie 2, 3, 5, 7, 11, 13, 17, 19, 23, 29, 31, ... beschäftigen die Mathematiker schon seit Jahrtausenden. Eigentlich müßte auch die 1 zu dieser Gruppe gehören, aber sie wurde – vereinbarungsgemäß – davon ausgenommen. Pythagoras, Eratosthenes, Gauß und andere Gelehrte drangen zunehmend tiefer in die Geheimnisse der Primzahlen ein. Aber niemandem gelang es bisher, sie bis ins letzte aufzudecken. So wissen wir zwar, daß es unendlich viele derartige Zahlen gibt, aber über eine bestimmte, sich dauernd verschiebende Grenze hinaus können wir keine mehr nennen.

Geforscht wird auch über die sogenannten Primzahlzwillinge. Sie bestehen aus benachbarten ungeraden Zahlen, wie 3 und 5, 5 und 7, 11 und 13. Bezeichnet man den kleineren Partner als p_1, den größeren als p_2, dann gilt für alle derartigen Beispiele der allgemeine Ausdruck $p_2 = p_1 + 2$. Ob die Menge dieser Zwillingspaare endlich oder unendlich ist, das weiß man noch nicht.

Weder gibt es eine Formel, die *alle* Primzahlen liefert, noch eine, die in jedem Fall auf eine solche Zahl p führt. Aber unser Wissen auf diesem schwierigen Gebiet der Zahlentheorie wächst ständig. In einem Nachschlagewerk, das 1963 abgeschlossen wurde, steht:

„Die größte bisher bekannte Primzahl ist die Zahl $2^{3217} - 1$; sie hat 969 Stellen.“ Zehn Jahre später wird als die (vorläufig) größte, nachweisbar nicht zusammengesetzte Zahl bereits

$2^{19\,937} - 1$ genannt (die 2 wird 19 937mal als Faktor gesetzt, vermindert um 1, was eine 6 002stellige Zahl ergibt).

Im Jahre 1985 kamen amerikanische Wissenschaftler auf $2^{216\,091} - 1$ als Primzahlrekord. Diese „Schlange“ wäre, maschinegetippt, etwa 170 m lang (65 050 Stellen).

Besonders wichtig sind solche Steigerungen jedoch nicht. Bedeutsamer ist das Auffinden von Gesetzmäßigkeiten, die es ermöglichen, weitere Primzahlen mit weniger Arbeitsaufwand zu erschließen.

Pierre de Fermat, ein bedeutender französischer Mathematiker (1601 bis 1655), wollte der Wissenschaft einen solchen Schlüssel überreichen. In der Formel

$$p = 2^{(2^n)} + 1,$$

wobei die eingeklammerte Zahl Werte wie 1, 2, 4, 8, 16, 32, 64, 128, 256, 512, 1024, ... liefert, glaubte er ihn gefunden zu haben.

Seine Beispielrechnungen stimmten, denn

$2^{(2^2)} + 1 = 2^4 + 1 = 16 + 1 = 17$, und das ist eine Primzahl,

ebenso wie $2^{(2^3)} + 1 = 2^8 + 1 = 256 + 1 = 257$

und $2^{(2^4)} + 1 = 2^{16} + 1 = 65\,536 + 1 = 65\,537$.

Doch dann reißt die Folge erst einmal ab, denn

$$2^{(2^5)} + 1 = 2^{32} + 1 = 4\,294\,967\,297$$

läßt sich durch 641 teilen und ist daher keine Primzahl.

Leonhard Euler (1707 bis 1783), ein Schweizer Mathematiker, wie Gauß einer der bedeutendsten überhaupt, entdeckte die Lücke. Fermat erfuhr von seinem Irrtum nichts mehr. Nun könnte man

Leonhard Euler

auf den Gedanken kommen, zu dessen Formel bloß die Ausnahme anzumerken, also $p = 2^{(2^n)} + 1;\ n \neq 5$ zu schreiben. Das wäre jedoch vermessen, denn man weiß (noch) nicht, ob diese Folge nach einem bestimmten n ganz abbricht. Könnte man sie ab $n = 6$ wieder unbegrenzt fortführen, dann gäbe es das Problem der größten *nachgewiesenen* Primzahl überhaupt nicht.

Daß hingegen keine größte Zahl p schlechthin existiert, das stellte Euklid, ein weltbekannter griechischer Mathematiker, schon vor 2 300 Jahren fest. Er bewies seine Behauptung vom Gegenteil her, nämlich von der Annahme, es gäbe eine solche „letzte" Primzahl „P". Folgen wir seinem Gedankengang und nehmen wir wider besseres Wissen an, P sei 7. Auf den Spuren Euklids (auch Eukleides genannt) müssen wir eine Zahl N bilden, die auf alle Fälle größer ist als $P = 7$, und zwar auf folgende Weise:

$$N = 2 \cdot 3 \cdot 5 \cdot 7 + 1.$$

Also erhält man N, indem man alle vorhergehenden Primzahlen mit der „letzten" multipliziert und das Produkt um 1 vermehrt. Das Ergebnis (N) ist durch keinen dieser Prim(zahl)faktoren teilbar, denn wegen des hinzugefügten Summanden (1) muß sowohl bei der Division durch 2 als auch durch 3, 5 und 7 immer der Rest 1 bleiben. Die Probe ($N = 211$) würde es bestätigen. Es ergeben sich für N nur 2 Möglichkeiten:

a) es ist selbst eine Primzahl (wie in unserem Fall)

oder b) es enthält außer den aufgezählten noch einen weiteren, größeren Primfaktor. Beides läuft auf dasselbe hinaus: P kann nicht die größte Primzahl sein. Euklid ließ es jedoch nicht bei Zahlenbeispielen bewenden, sondern er verallgemeinerte:

$$N = 2 \cdot 3 \cdot 5 \cdot 7 \cdot 11 \cdot 13 \cdot \ldots \cdot P + 1.$$

Daraus ist dieselbe Schlußfolgerung zu ziehen wie für unser $P = 7$. Demzufolge existiert keine größte und letzte Primzahl P. Mit anderen Worten: Es gibt unendlich viele Zahlen p, die sich nur durch 1 und durch p dividieren lassen.

Ein Sieb und ein Satz

Wie man alle Primzahlen in einem begrenzten Bereich leicht finden kann, das zeigte bereits Eratosthenes, jener griechische Gelehrte, der den Erdumfang annähernd richtig ermittelte. Sein Verfahren nennt man das „Sieb des Eratosthenes".

Man schreibe die Zahlen von 2 bis 100 der Reihe nach auf. Nach der 2, die unangetastet bleibt, wird jede folgende durch sie teilbare Zahl gestrichen. Das betrifft insgesamt 49. Die 3 läßt man auch stehen und streicht in der Folge, sofern sie nicht schon beim erstenmal mit erfaßt wurden, alle Zahlen mit dem Teiler 3. Das sind noch 16. Gleiches wiederholt man mit der 5 und der 7, wobei 6 bzw. 3 Streichungen vorzunehmen sind. Übrig bleiben alle Primzahlen im Bereich bis 100, insgesamt 25.

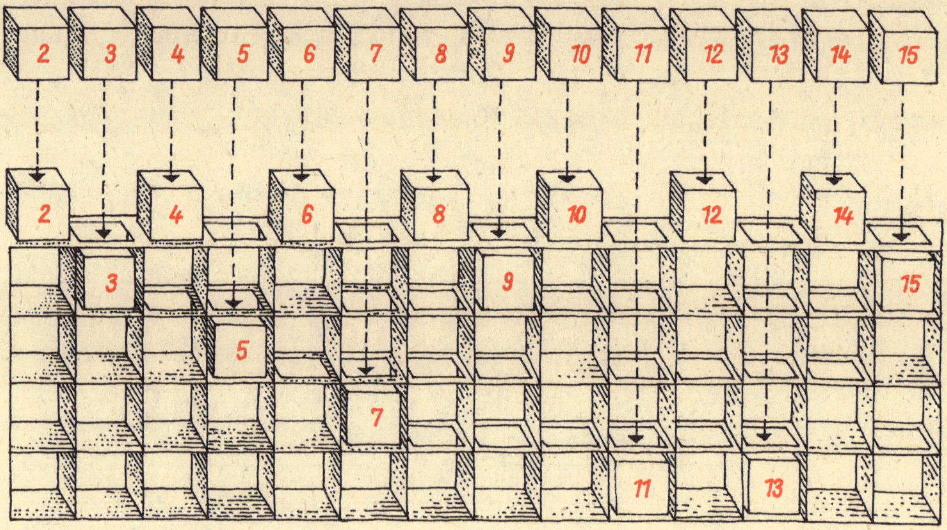

Das Sieb des Eratosthenes

Dagegen verteilen sich auf den zweiten Hunderter (101 bis 200) nur 21 Primzahlen, auf den dritten 16, den vierten ebenfalls 16, den fünften 17, den sechsten 14, den siebenten wieder 16, den achten noch einmal 14, den neunten 15 und den zehnten wiederum 14. Wie soll man daraus eine Regel ableiten? Einmal verdünnt sich das Vorkommen der „ursprünglichen" Zahlen, ein andermal verdickt es sich wieder. Mit dem Problem ihrer Verteilung befaßten sich Euler, Gauß und andere Mathematiker. Eine Formel, die solche Anzahlen wie die hier gegebenen liefern könnte, ließ sich jedoch nicht finden.

In der Schule beschäftigt uns in diesem Zusammenhang eine weitere, wichtige Entdeckung Euklids: Alle zusammengesetzten

Zahlen lassen sich, von der Reihenfolge abgesehen, eindeutig in Primfaktoren zerlegen. Das ist der grundlegende, der Fundamentalsatz der elementaren (unkomplizierten) Zahlentheorie. Dafür einige Beispiele:

$$8 = 2 \cdot 2 \cdot 2 = 2^3 \qquad 21 = 3 \cdot 7$$
$$28 = 2 \cdot 2 \cdot 7 = 2^2 \cdot 7 \qquad 100 = 2 \cdot 2 \cdot 5 \cdot 5 = 2^2 \cdot 5^2$$
$$111 = 3 \cdot 37 \qquad 222 = 2 \cdot 3 \cdot 37$$

Aus diesen Gleichungen kann man eine Reihe wichtiger Begriffe ableiten:

1) Das *kleinste gemeinsame Vielfache* (k. g. V.) von 8 und 28 ist $2 \cdot 2 \cdot 2 \cdot 7 = 56$. Für 28 und 21 rechnet man: k. g. V. $= 2^2 \cdot 3 \cdot 7 = 84$.
2) Der *größte gemeinsame Teiler* (g. g. T.) von 8 und 28 ist $2 \cdot 2 = 4$, und von 111 und 222 ergibt er sich (was man auch, ohne zu rechnen, erkennen könnte) durch die Multiplikation von $3 \cdot 37 = 111$.
3) Die Zahlen 8 und 111 sowie 21 und 100 haben jeweils keinen gemeinsamen Teiler. Sie sind zueinander *teilerfremd,* was auf 8, 28 und 100 bzw. auf 21, 111 und 222 nicht zutrifft.

Doch nur die Übung macht den Meister. Darum sei hier eine Aufgabe gestellt: Wie muß man 48 und 72 in Primfaktoren zerlegen? Welches ist ihr kleinstes gemeinsames Vielfaches, und welchen gemeinsamen größten Teiler haben sie?[14]

HEUREKA!

Mathematiker auf Reisen

Im Altertum, als es noch keinen Informationsaustausch mit technischen Mitteln gab, handelten die fähigsten Mathematiker nach der Devise „Reisen bildet". Was sich viele kluge Köpfe in den am weitesten entwickelten Ländern ausgedacht hatten, das überstieg die Erkenntnisse, die ein einzelner Denker im stillen Kämmerlein gewinnen konnte, bei weitem. Den Fortschritt brachte vor allem die

So bestimmte Thales die Entfernung von Schiffen vom Ufer.

kollektive Weisheit der Völker. Ein Beispiel dafür lernten wir bereits mit dem Lehrsatz des Pythagoras kennen, der ohne Zweifel ein Gemeinschaftswerk von Mathematikern aus mehreren Ländern ist, wenngleich sie nicht an einem Tisch saßen.

Zu den reisenden Wissenschaftlern zählte auch Thales von Milet, den man aus der heutigen Sicht mitunter als den „Vater der griechischen Mathematik“ bezeichnet. Als Begründer der Geometrie seines Landes galt er schon im Altertum, wie bereits erwähnt, als einer der Sieben Weisen. Da er der zeitlichen Reihenfolge nach noch vor Pythagoras gehört, müssen seine Lebensdaten und seine mathematischen Leistungen mit manchem Fragezeichen versehen und in Ausdrücken der Möglichkeitsform, wie „sollte“ und „könnte“, dargestellt werden. Wahrscheinlich lebte Thales von 624 bis 546 v.u.Z. Er war Kaufmann und soll durch Geschäfte mit Olivenöl ein riesiges Vermögen erworben haben. Nach Angaben Herodots, des ältesten griechischen Geschichtsschreibers, sagte er die Sonnenfinsternis vom 28. Mai 585 v.u.Z. richtig voraus. Dieses Datum wurde der Nachwelt vor allem darum überliefert, weil in dem Augenblick, als sich der Himmel zu verdunkeln begann, eine erbitterte Schlacht zwischen zwei orientalischen Völkern (Medern und Lydern) sofort abgebrochen wurde. Dieser Vorhersage zufolge müßte Thales in jungen Jahren in Babylonien gewesen sein und dort das „Werkzeug“ für eine solche Leistung – Tafeln mit Angaben über astronomische Perioden (wiederkehrende Himmelsereignisse) – erhalten haben. Genauso wahrscheinlich, wie er von den Babyloniern nahm, gab er den Ägyptern. Es heißt, Thales habe bei einer seiner Reisen in das Land am Nil vorgeführt, wie man mit Hilfe der Sonne und des Schattens die Höhe von Pyramiden (die als heilige Stätten nicht bestiegen werden durften) bestimmen kann.

Heute verbindet sich bei Millionen Menschen in aller Welt der Name Thales hauptsächlich (oder nur?) mit der Vorstellung von einem Halbkreis und einem Winkel darin. Wer hat nicht irgendwann in seiner Schulzeit einmal den „Satz des Thales“ lernen müssen? Er lautet:

> Jeder Peripheriewinkel über einem Kreisdurchmesser ist ein rechter Winkel.

Was damit gemeint ist (Peripherie = Kreisumfang), zeigt die Zeichnung. Zur Bestätigung seines Theorems (Lehrsatzes) genügten Thales nicht Messungen und Beispiele. Er legte Wert darauf, eine Mathematik neuen Stils zu betreiben und Behauptungen auch hieb- und stichfest zu beweisen. Sicherlich ging er beim Nachweis für seinen Satz, dessen Inhalt im Orient allerdings auch schon früher bekannt gewesen sein soll, von der sogenannten thaletischen Grundfigur aus. Sie läßt erkennen, was der Weise zunächst in einem anderen, dem obengenannten eng verwandten Satz formulierte:

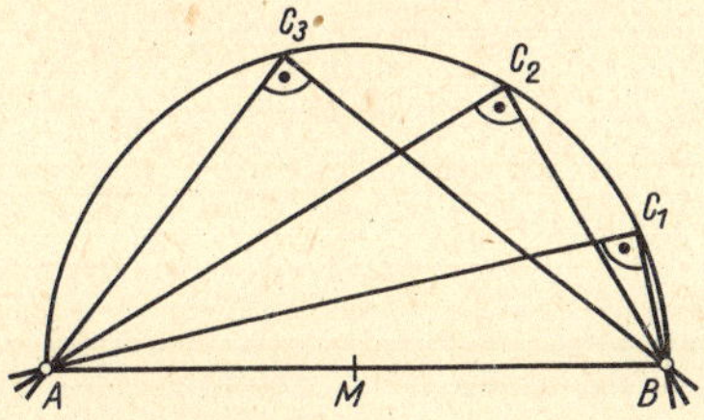

Satz des Thales

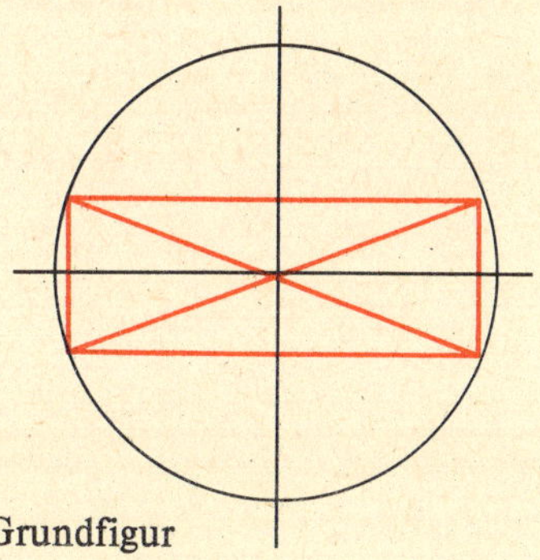
Thaletische Grundfigur

Ein Viereck mit gleich langen Diagonalen, die einander halbieren, ist ein Rechteck.

Über Durchmesser, Radien und Winkelbeziehungen kann man das leicht nachweisen. Von hier gelangt man schnell zum eigentlichen Thalessatz:

Man markiere irgendwo auf einer Kreisperipherie einen Punkt und lege von ihm aus durch den Kreismittelpunkt einen Durchmesser. In einem beliebigen Winkel zum ersten wird noch ein zweiter Durchmesser gezeichnet. Die Verbindung ihrer Endpunkte ergibt ein Viereck, in dem die 2 Diagonalen, da sie sich in Radien teilen, einander halbieren. Auf diese Weise sind 4 Halbkreise mit 4 Peripheriewinkeln entstanden. Daß diese rechtwinklig sind, folgt aus dem Satz über Vierecke mit gleich langen, einander halbierenden Diagonalen. Da man dieses Verfahren auf jeden beliebigen Peripheriewinkel im Halbkreis anwenden kann, ist damit der Thalessatz hinreichend bewiesen.

Gewußt, wie

Wie Thales die Höhen ägyptischer Pyramiden „vermessen" haben soll, das erinnert an den Witz von einem Handwerker, der für die Ausführung einer Reparatur 10 Pfennig verlangte, aber für das „Gewußt, wie" noch 10 Mark draufschlug. Heute spielt das „Knowhow" (sprich „nou-hau"; zu deutsch „wissen wie") in der Technik weltweit eine große Rolle, denn es wurde zu einer Art Handelsware zwischen den Völkern. Das heißt, man verkauft einander das Wissen um bestimmte wissenschaftlich-technische Kniffe und Produktionsverfahren.

Schon ein Schüler der untersten Klassen könnte es dem großen Mathematiker in bezug auf dessen Höhenbestimmung gleichtun. Nur wissen müßte er's. Thales' Messung soll sich, Berichten aus dem Altertum zufolge, etwa so abgespielt haben: Er schlug einen Stab lotrecht in die Erde und beobachtete dessen Schatten. In dem Augenblick, da beide, Stab und Schatten, die gleiche Länge hatten, maß er die Ausdehnung des Pyramidenschattens, denn auch der mußte zu diesem Zeitpunkt ebenso lang sein wie das ganze Bauwerk hoch. Der Fall trat ein, als die Sonnenstrahlen mit der Waage-

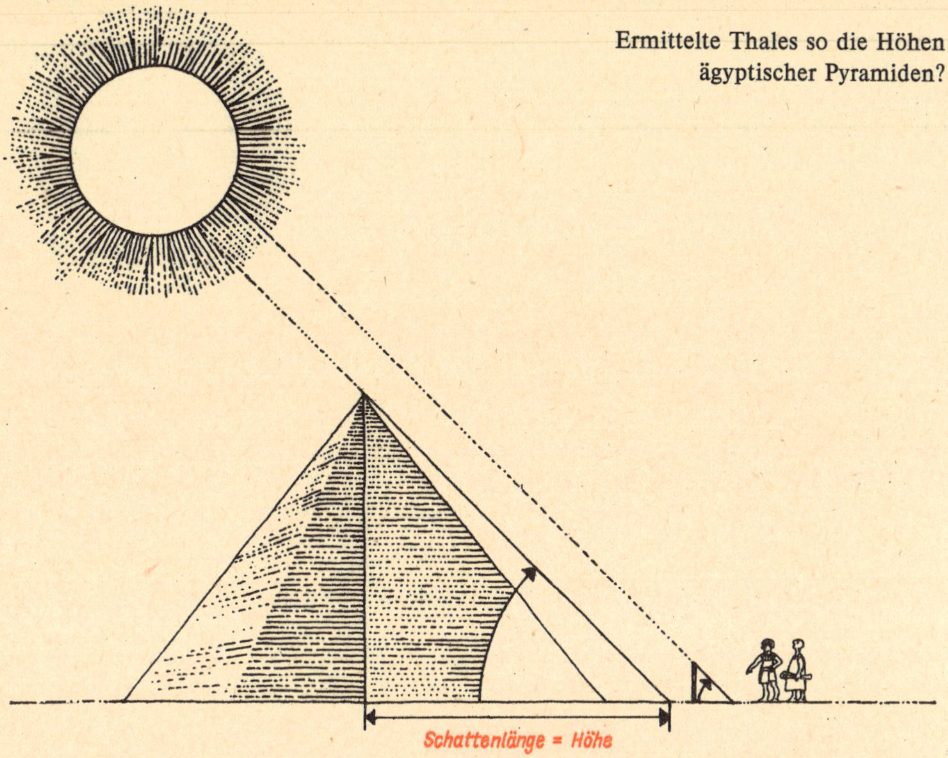

Ermittelte Thales so die Höhen ägyptischer Pyramiden?

rechten einen Winkel von 45° bildeten. Manchmal wird auch geschrieben, Thales sei von seinem eigenen Schatten ausgegangen. Doch das ändert nichts an dem Verfahren.

Auf die gleiche Weise kann man zum Beispiel, falls er in ebenem und zugänglichem Gelände steht, die Höhe eines Schornsteins ermitteln. Allerdings besteht zwischen unseren Breiten und

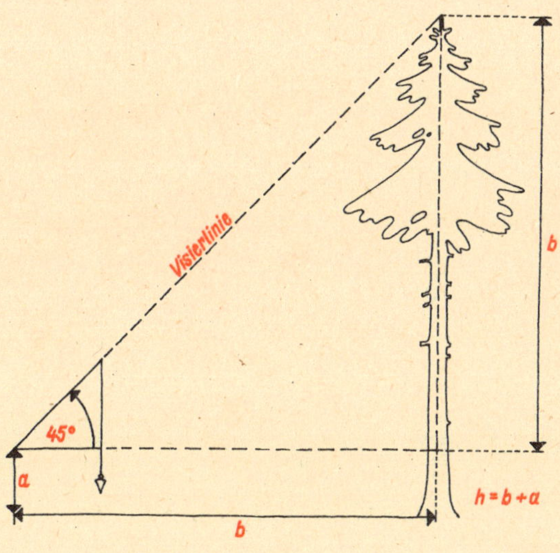

Bestimmung von Baumhöhen mit Hilfe eines gleichschenkligen Zeichendreiecks

der von Ägypten ein wesentlicher Unterschied: Während die Sonne dort, in der Nähe von Kairo, den 45-Grad-Gipfel an jedem Tag zwischen Mitte Februar und Anfang November erklimmt, schafft sie das bei uns nur zwischen Anfang April und Mitte September.

Unabhängig von Sonne und Schatten arbeitet das Försterdreieck. Mit ihm werden im Wald die Höhen von Bäumen bestimmt. Zum eigenen Probieren genügt ein 45-Grad-Zeichendreieck oder ein ursprünglich quadratischer, dann diagonal abgeschnittener Bogen festen Papiers. Nur muß man auf eine waagerechte Ausrichtung seines „Visiergeräts“ achten.

Eine Stadt der Wissenschaften

Viele Reisen bedeutender Mathematiker und Naturwissenschaftler führten in den letzten Jahrhunderten vor Beginn unserer Zeitrechnung in eine junge, aufblühende Stadt am Nildelta, nach Alexandria. Gegründet hatte sie einer der berühmtesten Könige und Heerführer des Altertums, Alexander der Große von Makedonien (356 bis 323 v. u. Z.). Halb Asien zwischen dem Mittelmeer und Indien gehörte zeitweilig zu seinen Eroberungen. Wenngleich er als Aggressor (Angreifer) kam, ließ er die alten Kulturen, die seine Soldaten in den orientalischen Ländern vorfanden, nicht vernichten. Als ein Mann von Bildung (und Schüler des Aristoteles) war er darauf bedacht, sie zu bewahren, zu nutzen und zu fördern. So wurde die nach ihm benannte Stadt, damals eine der größten der Welt, zu einem Mittelpunkt des wissenschaftlichen und kulturellen Austauschs und der Informationssammlung. Zu ihrem „Museion“, einer großen Lehr- und Forschungsstätte, ähnlich unseren Universitäten, gehörten eine Sternwarte, zoologische und botanische (auf Pflanzensammlungen gerichtete) Gärten sowie ein Institut zur Ausbildung von Ärzten. In seiner riesigen Bibliothek, die längere Zeit von Eratosthenes geleitet wurde, bewahrte man (fast) alles auf, was die Menschheitskultur hervorgebracht hatte. Auf etwa 400 000 Papyrusrollen (manche Quellen berichten sogar von 700 000) fanden sich sowohl wissenschaftliche Werke als auch belletristische (wie Gedichte, Erzählungen, Märchen u. a.). Da es noch keine Möglichkeit zu deren Vervielfältigung gab und kulturelle Einrichtungen so-

Der Leuchtturm von Alexandria, eines der Weltwunder des Altertums

wie einzelne Wissenschaftler in anderen Ländern großes Interesse an diesen Sammlungen zeigten, fertigten Schreiber Kopien (Abschriften) an, die der Staat teuer verkaufte. Viele Gelehrte arbeiteten an Ort und Stelle mit den unermeßlichen Schätzen des menschlichen Geistes. Zwischen 300 und 100 v. u. Z. soll es keinen bedeutenden Naturwissenschaftler oder Mathematiker gegeben haben, der sich zu Studienzwecken nicht wenigstens für einige Zeit in Alexandria aufhielt. Manche, wie Eratosthenes und Euklid, blieben zeitlebens. Andere pflegten dann von ferne einen regen Briefwechsel mit Gelehrten in der Stadt der Wissenschaften. So auch Archimedes. Es kam – für die damaligen Begriffe – zu einem weltweiten Gedankenaustausch.

Ein zweites „Buch der Bücher"

Die Bibel, in eineinhalb Jahrtausenden zusammengetragen und unzählige Male gedruckt, nennt man auch das „Buch der Bücher". Eine ähnliche Verbreitung erlebte ein mathematisches Lehrbuch. Es wurde um 325 v. u. Z. in Alexandria niedergeschrieben und erschien unter dem Titel „Elemente". Sein Verfasser ist Euklid.

Auch von ihm weiß man die Lebensdaten nicht mit Sicherheit. Um 365 v.u.Z. geboren, verbrachte er längere Zeit am alexandrinischen Königshof, wo er großes Ansehen genossen haben soll. Seinem Gebieter, dem König Ptolemäus, sei, einer Legende nach, die Mathematik zu anstrengend gewesen. Er habe daher den Gelehrten gefragt, ob man sich diese schwierige Wissenschaft nicht schneller und bequemer aneignen könne. „Majestät", sei dessen Antwort gewesen, „zur Mathematik führt kein besonderer Weg für Könige."

Wahrscheinlich starb Euklid im Alter von 65 Jahren.

Unsterblich wurden seine „Elemente". Allein seit der Erfindung des Buchdrucks – im 15. Jahrhundert – erschien das Buch in mehr als 1 000 Ausgaben und in vielen Sprachen. Vorher mußte das umfangreiche Werk handschriftlich kopiert und „vervielfältigt" werden. Dabei mögen sich manche Fehler und Entstellungen eingeschlichen haben.

Die „Elemente" stellen eine Zusammenfassung der damals bekannten Mathematik dar. Unter anderem verwertete Euklid auch die Arbeiten von Thales und Pythagoras. Was von ihm selbst stammt und was er übernommen hat, das läßt sich teilweise nicht mehr unterscheiden. Einen großen eigenen Beitrag leistete er zu den Abhandlungen über Primzahlen (vgl. die Kapitel „Wo ist das Ende?", Seite 75, und „Ein Sieb und ein Satz", Seite 77). Auf alle Fälle schuf Euklid mit diesem bedeutenden Lehrbuch ein beispielhaftes Werk, denn allein nach der Art seiner Beweisführungen lernten ungezählte Schülergenerationen in aller Welt ein ähnliches Vorgehen. Besonders für den Geometrieunterricht wurde – in einigen Ländern bis in unsre Zeit – vieles wortwörtlich aus dem Meisterwerk der Antike (griechisch-römisches Altertum) übernommen.

Noch heute, nach 2 300 Jahren, führt in den Schulen kein Weg daran vorbei. Zwar zitieren (= wörtlich wiedergeben) wir nicht mehr aus den „Elementen“, aber große Teile unsres (vor allem geometrischen) Lehrstoffs stehen in ähnlicher Form bereits bei Euklid, darunter der pythagoreische Lehrsatz und der Satz des Thales sowie die Sätze über die Kongruenz (Deckungsgleichheit) von Dreiecken und der Satz über die Summe der Innenwinkel im Dreieck. Wir beschränken uns hier auf den letzteren:

In jedem Dreieck beträgt die Summe der Innenwinkel 180°. Den Beweis dafür fand möglicherweise schon Thales. Vielleicht verdanken wir ihn auch den Pythagoreern. Genau läßt es sich nicht mehr ermitteln. Für ein gleichschenkliges Dreieck (gleiche Basiswinkel!) geht er, ohne daß man dazu noch viel erklären muß, aus der dargestellten Figur hervor. Sie fand sich auf alten griechischen

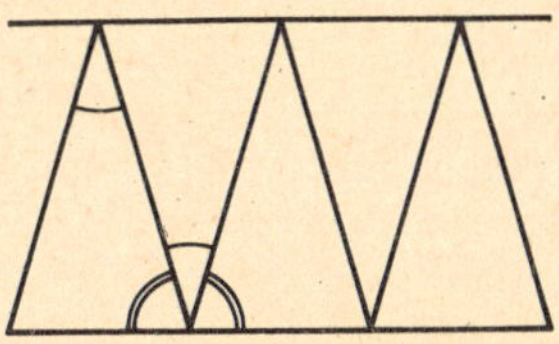

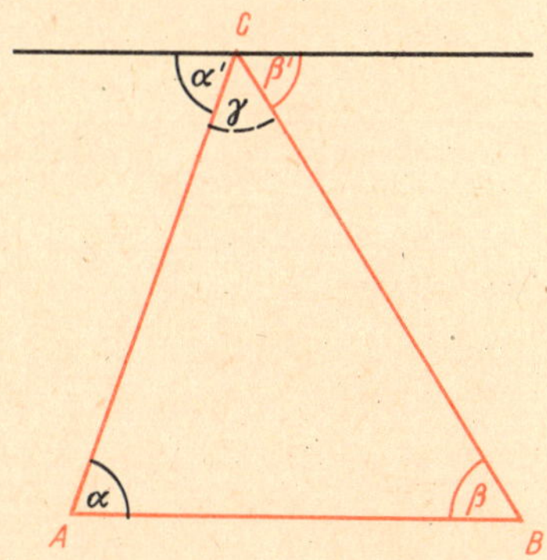

Warum die Summe der Innenwinkel im Dreieck 180° beträgt

Darstellungen, die etwa aus der Zeit von Thales und Pythagoras stammen müßten. Von hier aus führt ein weiterer Schritt zur vollständigen Verallgemeinerung. Da die Summe der 3 Winkel bei C, nämlich $\alpha' + \gamma + \beta'$, 180° beträgt, muß das auch für $\alpha + \beta + \gamma$ gelten. Zu begründen ist lediglich noch, warum die Winkel α und α' bzw. β und β' gleich groß sind. Welche Beziehungen liegen hier vor?[15]

Warum sich der Teufel nicht hinausgetraute

In einem Meisterwerk ganz anderer Art, dem Drama „Faust“ von Goethe, erscheint eine gleisnerische Gestalt auf der Bühne, der Teufel. Mit dem Abgang aus dem Zimmer, in das er sich hineingeschlichen hat, zögert er merkwürdig lange. Schließlich sieht er sich gezwungen zu erklären:

„Gesteh' ich's nur! Daß ich hinausspaziere,
Verbietet mir ein kleines Hindernis,
Der Drudenfuß auf Eurer Schwelle."

„Das Pentagramma macht dir Pein?", erwidert ihm Faust.
„Ei, sage mir, du Sohn der Hölle,
Wenn das dich bannt, wie kamst du denn herein?
Wie ward ein solcher Geist betrogen?"

„Beschaut es recht! Es ist nicht gut gezogen:
Der eine Winkel, der nach außen zu", antwortet der Teufel,
„Ist, wie du siehst, ein wenig offen."

Was ist das, ein Drudenfuß oder Pentagramm(a)? Nichts weiter als ein gewöhnlicher fünfeckiger Stern. Nach abergläubischen mittelalterlichen Vorstellungen sollte er große Zauberkraft besitzen und vor Druden (Hexen) und anderen bösen Geistern schützen, selbst vor dem Schlimmsten von allen, dem Teufel. Und das Pentagramm war, wie wir wissen, vor zweieinhalb Jahrtausenden das Geheimzeichen der Pythagoreer. Was mag sie bewogen haben, gerade diese Figur zum Symbol ihres Bundes zu erheben? Wahrscheinlich hatten sie mathematische Gründe, denn Fünfeck und Fünfeckstern (Pentagon und Pentagramm) stellen etwas ganz Besonderes, Ein-

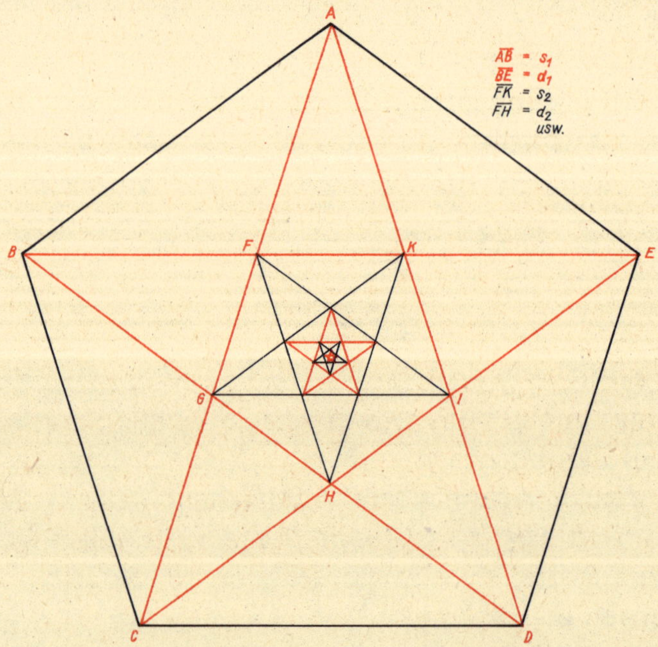

Endlosfigur

maliges dar. Sie bilden zusammen die Endlosfigur. Sie entsteht aus sich selbst heraus immer wieder neu – ohne Ende. Um das zu erkennen, zeichnet man sie am besten. Es macht Freude!

Nach Euklid muß man „richtige“ geometrische Konstruktionen allein mit Zirkel und Lineal ausführen. Diese strenge Vorschrift umgehen wir hier und nehmen den Winkelmesser zu Hilfe: Im Mittelpunkt eines großen Kreises trägt man einen Winkel von 72° an, dessen Schenkel den Kreis schneiden. Durch die Verbindung dieser beiden Schnittpunkte erhält man eine Fünfeckseite, und die muß auf dem Kreisumfang noch weitere 4mal abgetragen werden. Nun kann das Spiel mit dem Unendlichen beginnen. Man zeichnet in das Pentagon dessen 5 Diagonalen ein, so daß ein Pentagramm, ein fünfeckiger Stern, entsteht. In dessen Mitte erkennt man jetzt ein neues, kleineres Fünfeck, das durch die Diagonalen aus der Ausgangsfigur herausgeschnitten wurde. Zieht man dort wieder die Diagonalen, bildet sich wiederum ein kleineres Pentagramm mit einem noch kleineren Pentagon in der Mitte. Und dieses Verfahren läßt sich, zumindest gedanklich, da die Figuren immer winziger werden, unaufhörlich fortsetzen. Vielleicht wahrten die Pythagoreer diese wunderbare Eigenschaft des regelmäßigen Fünfecks als eines ihrer großen Geheimnisse.

Wieso das Wegnehmen kein Ende nahm

In den berühmten „Elementen“ des Euklid taucht mehrfach ein Problem auf, das die Mathematiker der damaligen Zeit sehr beschäftigt und bewegt hat. In dem Kapitel „Wenn Räder rollen“ (Seite 49) umschrieben wir es – volkstümlich und unwissenschaftlich – so: Zwei Zahlen passen nicht unter einen Hut. Auf die Geometrie bezogen und mathematisch exakt muß man formulieren: Zwei Strecken sind gegeneinander inkommensurabel. Dazu heißt es – allerdings in einer uns schwer verständlichen Sprache – in Euklids großem Lehrbuch:

> „Mißt, wenn man unter zwei ungleichen Größen abwechselnd immer die kleinere von der größeren wegnimmt, der Rest niemals genau die vorhergehende Größe, so müssen die Größen inkommensurabel sein.“

Wie das gemeint ist, erkennt man besser am Gegenteil, an kommensurablen Größen: Eine Strecke sei 7 cm, eine andere 5 cm lang. Die „Wechselwegnahme“ vollzieht sich dann so:

7 cm − 5 cm = 2 cm
5 cm − 2 cm = 3 cm
3 cm − 2 cm = 1 cm
2 cm − 1 cm = 1 cm
1 cm − 1 cm = 0.

Sie nimmt also beim fünften Schritt ein Ende. Manchmal dauert es viel länger, zum Beispiel bei 7,3 cm und 4,8 cm (16 Schritte). Aber der Rest verschwindet immer, wenn man dieses Verfahren auf ganze oder gebrochene Zahlen anwendet, denn die sind in jedem Fall gegeneinander kommensurabel.

Ganz anders bei der „Endlosfigur“. Hier hört die Wechselwegnahme niemals auf, denn

$d_1 - s_1 = d_2$ (d_1 = größte Diagonale,
$s_1 - d_2 = s_2$ d_2 = zweitgrößte Diagonale usw.
$d_2 - s_2 = d_3$ s_1 = größte Seite
$s_2 - d_3 = s_3$ s_2 = zweitgrößte Seite usw.)
$d_3 - s_3 = d_4$
und immer so weiter!

In Form einer fortlaufenden Proportion (einer Kette von Verhältnisgleichungen) läßt sich auch schreiben:

$$d_1 : s_1 = s_1 : d_2 = d_2 : s_2 = s_2 : d_3 = d_3 : s_3 = s_3 : d_4 \text{ usw.}$$

Das bedeutet: Man kann das Verhältnis einer Fünfeckdiagonale zur entsprechenden Seite nicht durch eine rationale Zahl – also nicht in Form irgendeines gemeinen Bruchs – angeben. Grob angenähert, liegt es bei $8 : 5 = \frac{8}{5}$. Der genaue Wert ist irrational. Daher nimmt diese Verhältniszahl ebensowenig ein Ende wie π.

Ist er nicht eine zauberhafte Figur, der „zauberbrechende“ Drudenfuß, der dem Teufel so zu schaffen machte?

Eine Binsenweisheit?

Etwas ganz Selbstverständliches nennt der Volksmund eine Binsenweisheit. In der Mathematik gehören dazu Aufgaben aus dem

Einmaleins. So lösen schon Kinder im Vorschulalter die Aufgabe $2 + 2 = 4$. Etwas ganz anderes ist es, eine so „kinderleichte“ Gleichung auch als wahre (richtige) Aussage *zu beweisen.* Muß man denn das überhaupt? In der Schule wird es von keinem Schüler verlangt. Aber von der „strengen“ Mathematik werden auch solche Beweise gefordert.

Sogar der große Gelehrte Gottfried Wilhelm Leibniz (1646 bis 1716) beschäftigte sich mit diesem Problem. Euklid hingegen dachte noch nicht daran, etwas Derartiges, scheinbar Selbstverständliches, herzuleiten. Aber seine Beweis*methoden* kann man auch darauf anwenden. An die Spitze stellte Euklid Definitionen (Begriffsbestimmungen). Hier brauchen wir die folgenden:

1) $2 = 1 + 1$ (allgemein: $a' = a + 1$; in Worten:
2) $3 = 2 + 1$ a-Strich ist der Nachfolger von a)
3) $4 = 3 + 1$.

Als zweites „Beweiswerkzeug“ verwandte Euklid Axiome, Aussagen, aus denen sich Weiteres ableiten läßt. In unserem Fall heißt das benötigte Axiom:

Eine Gleichung bleibt bestehen, wenn man in ihr einen Ausdruck durch Gleiches ersetzt.

Also kann man schreiben:

$$2 + 2 = 2 + 1 + 1 \quad \text{(nach Definition 1)}$$
$$2 + 1 + 1 = 3 + 1 \quad \text{(nach Def. 2)}$$
$$3 + 1 = 4 \quad \text{(nach Def. 3)}$$

Das Assoziativgesetz der Addition

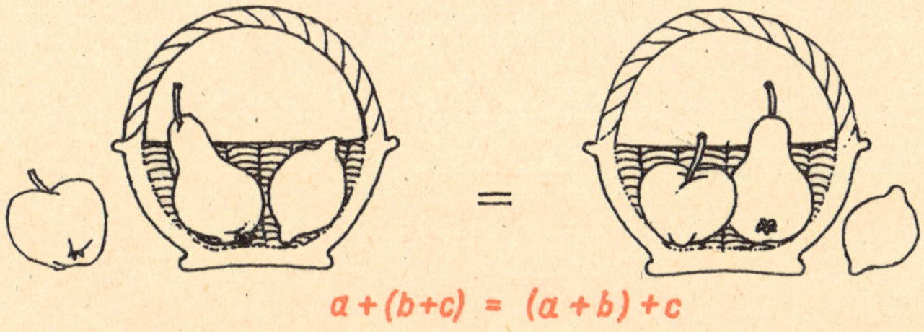

Besser erkennt man die Beweisführung jedoch, wenn man das Assoziativgesetz der Addition mit heranzieht. Es lautet:

$$a + (b + c) = (a + b) + c.$$

Danach gilt für unser Beispiel:

$$2 + (1 + 1) = (2 + 1) + 1,$$

und so – unter Verwendung von Klammern – zeichnet sich die Beweisführung viel klarer ab:

$$2 + 2 = 2 + (1 + 1)$$
$$(2 + 1) + 1 = 3 + 1 = 4.$$

Auf die gleiche Weise lassen sich alle Schritte im Einsundeins beweisen.

Über des Krämers Zwecke erhaben?

Thales bestimmte mit Hilfe von Dreiecken Schiffsentfernungen und Pyramidenhöhen. Im Zusammenhang mit einer Feuerwehrleiter bedienten wir uns des pythagoreischen Lehrsatzes. Das sind Anwendungen der Mathematik. Doch in den „Elementen“ des Euklid fehlt die Praxis. Es scheint, daß Arithmetik und Geometrie dort um ihrer selbst willen betrieben werden. Das ist kein Zufall. In der griechischen Sklavenhaltergesellschaft jener Zeit galt nämlich jede praktische Arbeit als minderwertig. Und damit war auch der Gebrauch der Mathematik für solche Tätigkeiten verpönt.

Platon, ein einflußreicher griechischer Philosoph (427 bis 347 v. u. Z.), hatte gelehrt, daß die Mathematik die Großen des Staates zum Lichte hinaufführen müsse und daß sie nicht „um des Kaufens und Verkaufens willen“ hinabgewürdigt werden dürfe. Mit anderen Worten: Die Wissenschaft von den Zahlen sollte über die Zwecke des Krämers erhaben sein. Und daran hielt sich der Verfasser der „Elemente“. Nirgends verband er die Arithmetik mit dem Leben. Und die Geometrie, die einen wesentlichen Teil seines Werkes ausmacht, setzte er sogar in Widerspruch zu ihrem Namen, der soviel wie „Erdmessung“ bedeutet.

Ganz anders, als Platon es forderte, handhabte Heron von Alexandria (um 100 v. u. Z.) die Mathematik. Er stellte sie in den Dienst des Menschen, indem er unter anderem Geräte für die Feldvermessung konstruierte und Berechnungen für architektonische Zwecke vornahm. Zum Beispiel erlangte seine Schrift über Kuppeln und Gewölbe beim Bau der „Hagia Sophia“, einer berühmten Kirche in Konstantinopel (heute Istanbul), die im 6. Jahrhundert u. Z. errichtet wurde, große Bedeutung. Der Baumeister bezog Herons Angaben in seine Arbeit mit ein.

In einer seiner zahlreichen Veröffentlichungen befaßte sich der Mathematiker-Ingenieur mit der Bestimmung des Volumens ganz unregelmäßiger Körper, zum Beispiel von Wurzeln und Felssteinen. Darüber schreibt er sinngemäß:

Wenn der zu messende Körper leicht transportabel sein sollte, so wird man eine durchgängig rechtwinklige Wanne, die das zu Messende aufzunehmen vermag, herrichten, ganz mit Wasser füllen und den unregelmäßigen Körper hineinwerfen. Es ist nun klar, daß das Wasser überfließen wird, und zwar so viel, wie das Volumen des in die Wanne geworfenen Körpers ausmacht. Heron verweist darauf, daß diese Methode (siehe nächstes Kapitel!) nicht von ihm, sondern von Archimedes stammt.

Man kann sich leicht ausmalen, wo die Menschheit heute stände, wenn sie die Mathematik (und andere Wissenschaften) nicht für praktische Bedürfnisse angewendet hätte. Andererseits darf nicht übersehen werden, daß auch „praxisfeindliche" Theoretiker wie Euklid dazu beitrugen, den Menschen das Leben zu erleichtern, indem sie Grundlagen schufen, auf denen später weiter aufgebaut werden konnte.

Störe meine Kreise nicht!

König Hiero(n) von Syrakus (306 bis 215 v.u.Z.) muß ein mißtrauischer Mensch gewesen sein. Möglicherweise hatte er schlechte Erfahrungen mit seinen Goldschmieden gemacht. Jedenfalls zweifelte er an der Redlichkeit des Meisters, dem er zur Anfertigung eines goldenen Kranzes 9 kg des edlen Metalls übergeben hatte. Zwar zeigte die Waage bei dem Prunkstück keinen Betrug an, aber war es nicht möglich, daß der „gerissene Fuchs" ein weniger wertvolles Metall mit untergemengt hatte, so daß die Masse am Ende dennoch aufs Gramm genau stimmte? Die Prüfung schien schwierig, fast unmöglich. Wenn überhaupt jemand Licht in das Dunkel bringen konnte, dann nur ein ganz kluger Kopf, ein überragender Denker. In Syrakus auf Sizilien lebte damals kein Geringerer als der größte Mathematiker, Physiker und Techniker des Altertums: Archimedes. Aller Wahrscheinlichkeit nach war der König sogar mit ihm verwandt. Ihn also bat Hieron, festzustellen, ob der Goldschmied gemogelt hatte oder nicht.

Doch selbst Archimedes wußte sich zunächst keinen Rat. Tage-

Archimedes

lang ging ihm die Sache durch den Kopf. Ergebnislos. Als er jedoch wieder einmal in eine zu hoch gefüllte Badewanne stieg und dabei etwas Wasser überfloß, kam ihm der rettende Gedanke. „Heureka!" („Ich hab's!") soll er gerufen und sein Bad augenblicklich abgebrochen haben. Ohne sich anzuziehen, sei er davongestürmt und mit Heurekarufen durch die übervölkerten Straßen der Stadt gerannt. Ob das allerdings stimmt, muß man bezweifeln. Oder ließ den Gelehrten die Freude über den gefundenen Lösungsweg wirklich alles andere vergessen?

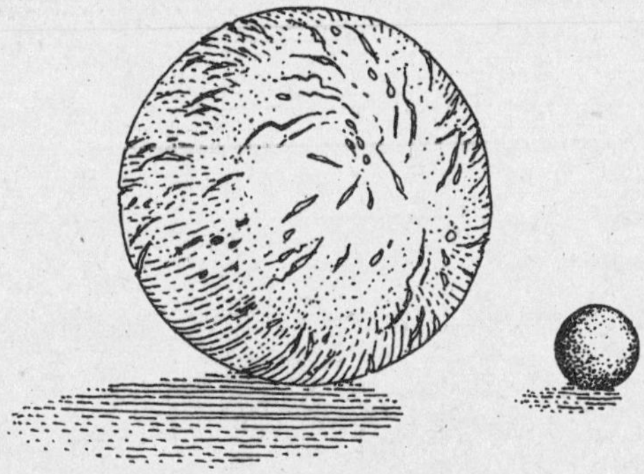

Gleiche Massen – ungleiche Dichte

Warum erwies sich die Wahrheit in der Wanne? Weil jeder Körper dort sein Innerstes preisgeben muß, denn beim Eintauchen oder Eindrücken zeigt sich, wie dicht er beschaffen ist. Zum Beispiel hätte des Königs goldner Kranz bei 9 kg Masse nur 466 cm^3 Wasser verdrängen dürfen, wogegen ein gleich schwerer Kork-„Ball" fast das 100fache Volumen (rund 45 000 cm^3) überfließen lassen würde, da er nur eine sehr geringe Dichte hat. Man erkennt:

Je dichter ein Stoff – desto kleiner sein Volumen (im Vergleich zu gleich schweren Körpern.) Den Zusammenhang drückt man durch eine Formel aus: $\text{Dichte} = \frac{\text{Masse}}{\text{Volumen}}$, kürzer: $\varrho = \frac{m}{V}$.

Bei Wasser beträgt das Masse-Volumen-Verhältnis $\frac{1\,g}{cm^3}$, bei Silber $\frac{10{,}5\,g}{cm^3}$, bei Gold $\frac{19{,}3\,g}{cm^3}$ und beim menschlichen Körper etwas mehr als $\frac{1\,g}{cm^3}$, weswegen man ohne Schwimmbewegungen im Wasser langsam untersinkt.

Hierons Kranz ließ etwa 600 cm^3 Wasser überfließen (statt 466). Also konnte er nicht aus reinem Gold sein. Der Meister hatte etwa 3 kg $\left(= \frac{1}{3} \text{ der Masse}\right)$ Silber mit hineingearbeitet. Wie König Hieron auf diese Gaunerei reagierte, ist nicht überliefert.

Archimedes hinterließ eine Fülle von Schriften über die verschiedensten Wissensgebiete, so über arithmetische, geometrische und physikalische Probleme. Das Rüstzeug für seine überragenden Leistungen hatte er sich, wie viele Gelehrte des Altertums, im Museion von Alexandria geholt, mit dessen führenden Köpfen er zeitlebens in Verbindung blieb. Es heißt, daß Archimedes vor lauter Studien manchmal das Nächstliegende vernachlässigt und sich zum Beispiel kaum Zeit für ein Bad genommen hätte, so daß seine Freunde ihn mit Gewalt dazu bringen mußten. Aber selbst beim Baden habe er noch Mathematik betrieben und in die Fettschicht, die man damals vor dem Waschen auf den Körper aufzutragen pflegte, Formeln und Figuren gezeichnet. Auch sei der Sandboden von ihm, wo er auch saß und stand, ständig mit Skizzen und Rechnungen versehen worden.

Überhaupt hatte er's mit dem Sand. Einmal versuchte er zu berechnen, wieviel Sandkörner das ganze Weltall ausfüllen würden. Auf eine solche Idee konnte er allerdings nur kommen, weil er sich das Universum (das All) begrenzt und damit falsch vorstellte. Außerdem hielt er die Entfernungen zu den Sternen, wie selbst berühmte Astronomen der neueren Zeit noch, für viel zu klein. Immerhin aber zeigte Archimedes mit seiner Sandkornaufgabe, wie man zu immer größeren Zahlen gelangen und sie auch bezeichnen kann, denn gerade damit hatten die sonst so findigen griechischen Mathematiker erhebliche Schwierigkeiten. Auf die heutige Schreibweise übertragen , enthielte das, was sich der größte Naturforscher der Antike als das Weltall vorstellte, 10^{57} Sandkörner. Dieses Ergebnis, eine 1 mit 57 Nullen, stellte Archimedes mit Hilfe bestimmter Wörter dar. Zum Beispiel nannte er 10^4 (10000) eine

Von Archimedes konstruierte wasserschöpfende Spirale

Myriade und 10^8 (100 000 000) eine Myriade von Myriaden. Er trieb jedoch die Kunst der Zahlendarstellung noch viel, viel weiter voran. Die größte Zahl, die er in seiner Schreibweise noch zu bezeichnen vermochte, war

$10^{800\,000\,000\,000\,000\,000}$ (eine 1 mit 800 Billiarden Nullen).

Seine Erkenntnisse wandte Archimedes in vielen Formen praktisch an. So konstruierte er Maschinen zur Bewässerung des Landes und zum Heben schwerer Lasten. Mit einem Brennspiegel brachte er Wasser zum Kochen, und nach seiner Anweisung seien feindliche Schiffe vom Land aus allein dadurch in Brand gesetzt worden, daß Soldaten ihre blank polierten, gekrümmten Schilde wie Brenngläser wirken ließen und Bündel von Sonnenstrahlen auf die Angreifer lenkten. Zur Verteidigung seiner Heimatstadt gegen die Römer, die damals Sizilien noch nicht in Besitz hatten, erdachte Archimedes Waffen, die sich im Einsatz als sehr wirkungsvoll erwiesen. Dazu gehörten kanonenähnliche Steinschleudern. Als Syrakus infolge einer List dann doch den römischen Truppen in die Hände fiel, fand der große Gelehrte, bereits 75 Jahre alt,

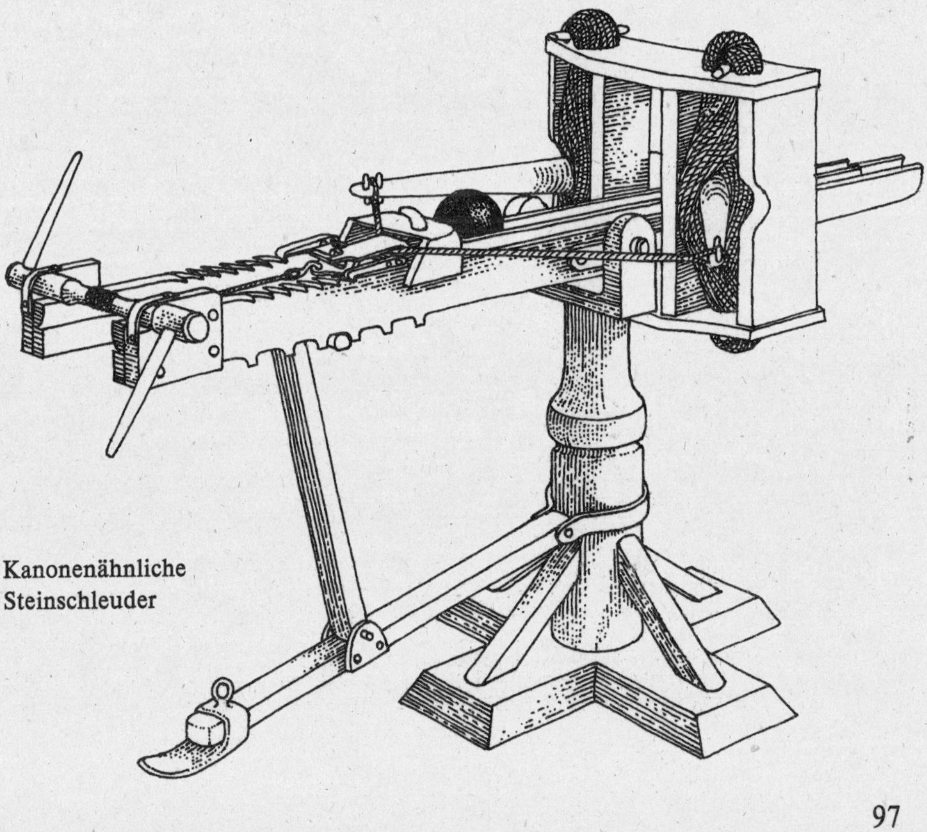

Kanonenähnliche Steinschleuder

durch das Schwert eines plündernden Soldaten den Tod. Die Legende berichtet, daß er, über seine Berechnungen und Zeichnungen gebeugt, dem hereinstürmenden, grobschlächtigen Krieger noch zugerufen habe: „Störe meine Kreise nicht!“

Erst 200 Jahre später wurde sein Grab, das wegen der Kriegswirren nicht besonders würdig und auffallend ausgestaltet worden war, durch den bedeutenden römischen Politiker und Schriftsteller Cicero aufgefunden. An einem kleinen eingemeißelten Symbol hatte er es erkannt: einem Zylinder, dem eine Kugel einbeschrieben war. Dieses Sinnbild verewigt eine der großen Leistungen Archimedes’. Er entdeckte, daß sich die Rauminhalte dieser Körper wie 3:2 verhalten.

Eine legendäre Proportion

1, 2, 3, 4, 5, 6, 7, ..., das und nur das waren nach griechischer Auffassung Zahlen. Unseren heutigen Brüchen wurde diese Bedeutung also nicht zuerkannt. In ihnen sahen Mathematiker wie Pythagoras und Thales lediglich Zahlen*verhältnisse* – Proportionen. Zum Beispiel bedeuteten $\frac{2}{3}$ im alten Griechenland das Verhältnis zwei zu drei $= 2:3$. Darum sprach man damals auch nicht davon, daß ein Wanderer etwa $\frac{3}{4}$ seines Weges zurückgelegt habe, sondern man sagte, daß sich die bereits zurückgelegte zur gesamten Strecke wie 3:4 verhielte (was natürlich genau dasselbe ist). Umgekehrt läßt sich beispielsweise Archimedes’ berühmtes Zwei-zu-drei-Verhältnis genausogut durch einen Bruch darstellen: Eine Kugel hat $\frac{2}{3}$ des Volumens eines ihr umbeschriebenen Zylinders. Und so – als einen gemeinen Bruch – kann man jede Proportion (jedes Zahlenverhältnis) ausdrücken, wenn keine irrationale Zahl – wie unter anderem bei Kreisumfang und -durchmesser – mit im Spiel ist.

Aber die ganz besondere Vorliebe der alten griechischen Mathematiker galt gerade einem irrationalen Verhältnis. Vielleicht kommt die hohe Wertschätzung, die es genoß, daher, daß sich diese außergewöhnliche Proportion auch beim Diagonalenziehen im Fünfeck bildet. Ein Vergleich soll die legendäre Erscheinung, die für viel Aufsehen sorgte und für die Praxis große Bedeutung erlangte, erläutern:

Wer geradlinig von A nach B geht, kommt in der ersten Hälfte seines Weges an einen bestimmten Punkt (T), wo sich der bereits zurückgelegte, kürzere Abschnitt (k) zu dem noch zu bewältigenden, längeren Teilstück (l) genauso verhält wie dieses zur gesamten Strecke (k + l). Mathematisch formuliert:

$k : l = l : (k + l)$; wofür im Fünfeck gilt: $d_2 : s_1 = s_1 : d_1$.

Zwischen dem Fichtelberg und dem Kap Arkona auf der Insel Rügen (Luftlinie rund 470 km) liegt dieser Punkt T in der Nähe von Jüterbog am Nordrand des Flämings.

Durch eine geometrische Konstruktion erhält man den Teilungspunkt T, indem man zunächst ein rechtwinkliges Dreieck ABC mit dem rechten Winkel bei A, einer beliebigen Kathete $\overline{AB}$ und $\overline{AC} = \frac{1}{2}\overline{AB}$ zeichnet. Um C schlägt man einen Kreis mit dem Radius $\overline{AC}$, der $\overline{BC}$ in D schneidet. Der Kreis um B mit dem Radius $\overline{BD}$ schneidet $\overline{AB}$ in dem gesuchten Punkt T.

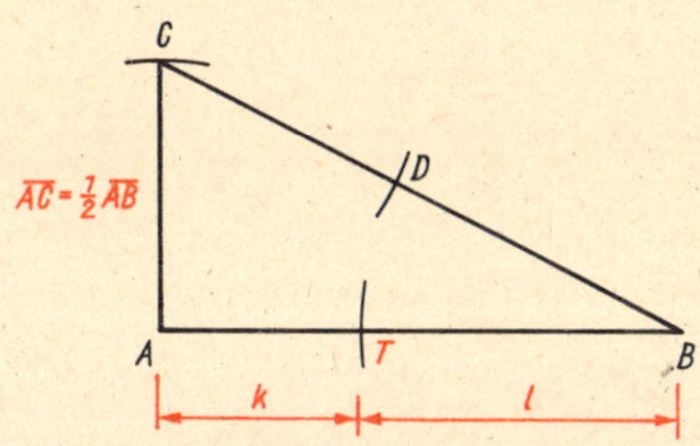

Teilung einer Strecke $\overline{AB}$ nach dem Goldenen Schnitt

Man könnte diese Teilung fortsetzen, indem man das gleiche Verfahren auf $\overline{TB}$ anwendet, dann wieder auf den längeren Restabschnitt und immer so weiter. Es gäbe nie ein Ende. Darum wird diese Art der Verhältnisbildung als *stetige Teilung* bezeichnet. Das zweimal auftretende Innenglied – in den obigen Beispielen l bzw. s_1 – heißt *mittlere Proportionale.*

Erst jetzt können wir ein Fünfeck „richtig" konstruieren, allein mit Zirkel und Lineal. Die hier gegebene Konstruktionsbeschreibung bezieht sich auf die Abbildung Seite 100.

Die Strecke $\overline{BE}$ sei eine der Diagonalen des Fünfecks ABCDE. Wie beschrieben, wendet man auf sie die stetige Teilung an, so daß man den Punkt T erhält. Die Subtraktion $\overline{BE} - \overline{BT}$ lie-

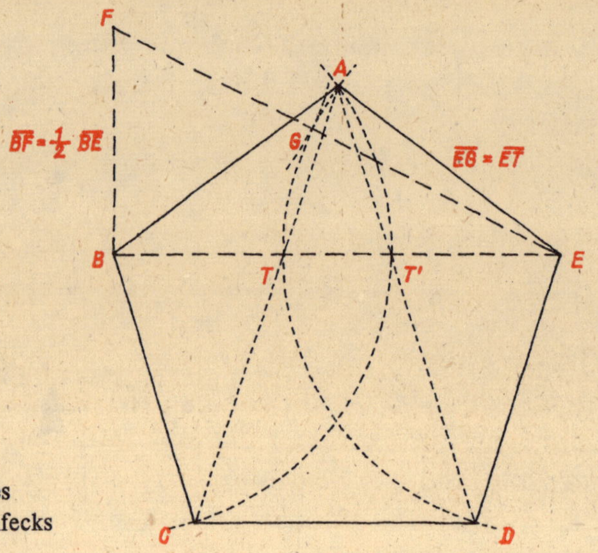

Konstruktion eines regelmäßigen Fünfecks

fert den Punkt T′, und Kreise um B und E mit dem Radius $\overline{BT'}$ ergeben den Schnittpunkt A. Die Verlängerungen von $\overline{AT}$ und $\overline{AT'}$ schneiden die Kreise in C und D. Nun kann man alle 5 Seiten zeichnen, und das Pentagon ist fertig.

Wenn vorgegeben ist, wie groß die Fünfeckseite sein soll, braucht man sie nur als den längeren Diagonalenabschnitt ($\overline{BT'}$) zu betrachten, teilt diesen wieder stetig, wodurch sich der Punkt T ergibt, und addiert $\overline{BT'}$ und $\overline{BT}$ zur Diagonalen $\overline{BE}$. Damit ist diese Aufgabe auf die vorige zurückgeführt.

Die alten Griechen empfanden dieses Teilungsverhältnis als besonders harmonisch (ebenmäßig) und wandten es in ihren Kunstwerken vielfach an. „Wohlproportioniert" – das bedeutete für sie soviel wie „nach dem Prinzip der stetigen Teilung angeordnet".

Nachdem seit den Zeiten von Thales und Pythagoras schon zwei Jahrtausende vergangen waren, setzte in West- und Mitteleuropa eine Welle der Rückerinnerung an die griechisch-römische Kultur des Altertums (die Antike) ein. Man nennt diese Bewegung Renaissance (wörtlich: Wiedergeburt). Sie erfaßte Kunst und Literatur, aber auch die Wissenschaft. In der Mathematik kam jetzt die stetige Teilung noch einmal zu großen Ehren. Man gab ihr aber einen viel wohlklingenderen Namen. „Goldener Schnitt" heißt sie nunmehr, und im 15./16. Jahrhundert wetteiferten Maler und Architekten geradezu um wohlproportionierte Formen nach jenem berühmten, „wiedergeborenen" Verhältnis.

Verschobene Proportionen
(Zeichnung eines Fünfjährigen)

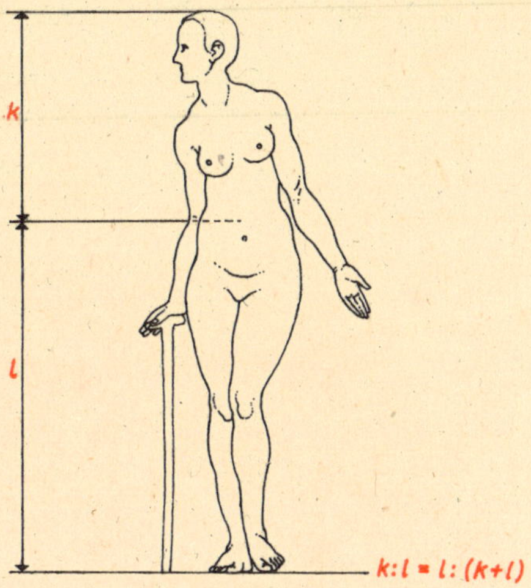

Der Goldene Schnitt
am menschlichen Körper
(nach Albrecht Dürer)

Der Goldene Schnitt
am Leipziger Alten Rathaus

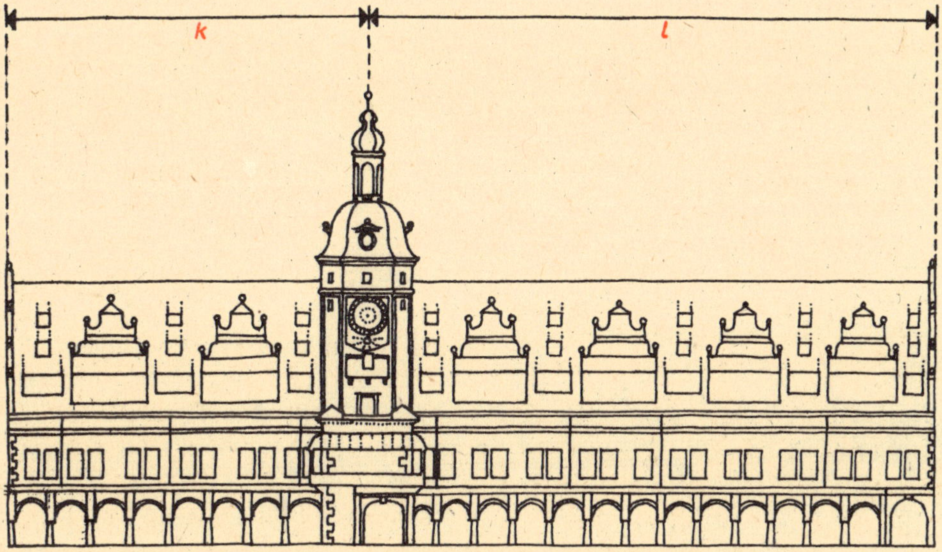

Wie unproportioniert stellen die jüngsten Künstler, die Kleinen im Kindergarten, oft den menschlichen Körper dar: langer Rumpf – viel zu kurze Beine – oder ähnlich. Berühmte Renaissancemaler aber, wie Leonardo da Vinci (1452 bis 1519) und Albrecht Dürer (1471 bis 1528), zergliederten in ihren Skizzen das Abbild des Menschen mit Zirkel und Lineal, um die nach ihrer Meinung besten Proportionen zu erhalten – Verhältnisse nach dem Goldenen Schnitt. Zum Beispiel liegt nach einer Darstellung Albrecht Dürers der Punkt, der den Körper eines erwachsenen Menschen (von oben herab) stetig in einen kürzeren und einen längeren Abschnitt teilt, etwa in Höhe der Gürtellinie.

Auch die Baumeister wollten den Malern und Bildhauern nicht nachstehen. So setzte Hieronymus Lotter, der zugleich Bürgermeister der Messestadt war, dem Goldenen Schnitt in Leipzig ein eindrucksvolles Denkmal. Das Alte Rathaus, das in den Jahren 1556 und 1557 erbaut wurde, gestaltete er so, daß der in der Mitte aufragende Turm die Vorderfront des Gebäudes stetig teilt.

Noch Student – und schon ein Meister

Auf ähnliche Weise wie ein Fünf- läßt sich auch ein regelmäßiges Zehneck konstruieren. Jede seiner Seiten ist genauso lang wie der größere Abschnitt des nach dem Goldenen Schnitt geteilten Umkreisradius. Die Zeichnung gibt dazu die nötige Erläuterung. In der Schule werden gewöhnlich nur die einfachsten Polygone (Vielecke) gezeichnet: solche mit 3, 4, 6 oder 8 Seiten. Und lange Zeit schien es so, als ob mit den überlieferten Vieleckkonstruktionen die Grenze des Möglichen erreicht sei. Damit wollte sich ein achtzehnjähriger „Stud. der Mathematik zu Göttingen“ nicht abfinden. Sein Vorhaben gelang, und er beendete einen 2000 Jahre währenden

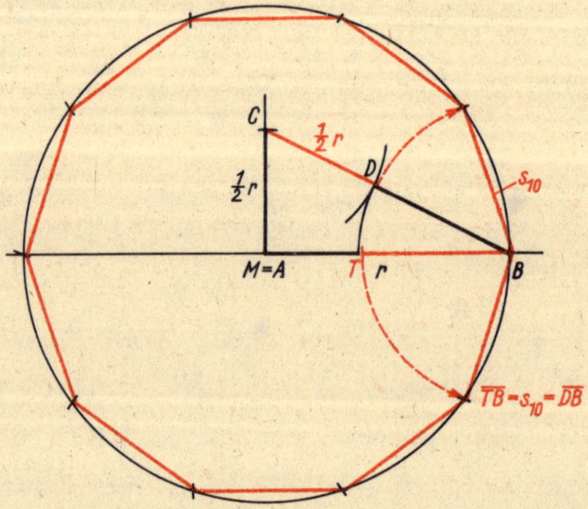

geometrischen Stillstand. Allein mit Zirkel und Lineal konstruierte er ein 17-Eck. Darüber schrieb er 1796 seine erste wissenschaftliche Veröffentlichung. Darin, in der damaligen Rechtschreibung wiedergegeben, heißt es:

> „Es ist jedem Anfänger der Geometrie bekannt, daß verschiedene ordentliche Vielecke, namentlich das Dreyeck, Fünfeck, Fünfzehneck und die, welche durch wiederholte Verdoppelung der Seitenzahl eines derselben entstehen, sich geometrisch construieren lassen. So weit war man schon zu Euklids Zeit, und es scheint, man habe sich seitdem ..." eingeredet, daß sich dieses Gebiet... „nicht weiter erstrecke ..."

Nach der Mitteilung, daß auch das 17-Eck „einer geometrischen Construction fähig ist" und einigen weiteren Angaben, folgt die Unterschrift: „C. F. Gauß a. Braunschweig, Stud. der Mathematik zu Göttingen".

Eine einzige Zahl (z) aus Gauß' Berechnung, die er neben der Konstruktion ausführte, soll zeigen, welch eine immense Gedankenarbeit der junge Student leistete:

$$z = -\frac{1}{16} + \frac{1}{16}\sqrt{17} + \frac{1}{16}\sqrt{34 - 2\sqrt{17}} + \frac{1}{8}\sqrt{17 + 3\sqrt{17} - \sqrt{34 - 2\sqrt{17}} - 2\sqrt{34 + 2\sqrt{17}}}$$

Näherungsweise verbirgt sich hinter dieser „Schlange" der Dezimalbruch 0,93.

2 000 Jahre vor Gauß hatte sich schon Archimedes mit derartigen Problemen beschäftigt. Er versuchte, ein regelmäßiges Siebeneck mit Zirkel und Lineal zu zeichnen. Doch er mühte sich vergeblich. Auch später konnte diese Aufgabe nur näherungsweise gelöst werden. Jetzt wies der „Stud. der Mathematik zu Göttingen" exakt nach, welche regelmäßigen Vielecke sich überhaupt mit Zirkel und Lineal konstruieren lassen. Er fand, daß das davon abhängt, ob bestimmte Primfaktoren in der Anzahl der Seiten (n) enthalten sind oder nicht. Die Konstruktion ist möglich, wenn man n in die Form

$$2^k \cdot P$$

bringen kann, wobei 2^k eine der Zahlen 1 (denn $2^0 = 1$); 2; 4; 8; ... ist und P entweder einer der Primfaktoren 2; 3; 5; 17 oder ein Produkt daraus. Die folgenden Beispiele zeigen, was das für die Konstruierbarkeit einer Reihe von Vielecken bedeutet:

n (Seiten)	$2^k \cdot P$	n (Seiten)	$2^k \cdot P$
3	= 1 · 3	12	= 4 · 3
4	= 2 · 2	15	= 1 · 3 · 5
5	= 1 · 5	16	= 8 · 2
6	= 2 · 3	17	= 1 · 17
8	= 4 · 2	20	= 4 · 5
10	= 2 · 5		
oder:			
34	= 1 · 2 · 17	51	= 1 · 3 · 17

Beträgt hingegen die Anzahl der Seiten (und natürlich auch die der Ecken) 7; 9; 11; 13; 14; 18 oder 19, kann keine derartige Gleichung gebildet werden.

Mit seiner genialen Erkenntnis schloß der Achtzehnjährige die Arbeiten auf diesem Gebiet, die sich durch zwei Jahrtausende hingezogen hatten, endgültig ab. Bereits damit ging er in die Mathematikgeschichte ein. Zur Erinnerung an Gauß' erstes bedeutendes Forschungsergebnis wurde – 59 Jahre später – auf seinem Grabstein ein regelmäßiges Siebzehneck dargestellt.

FEDER GEGEN ABAKUS

Vor den Augen einer Göttin

Zu Anfang des 16. Jahrhunderts stellte ein Maler einen sagenhaften Wettkampf dar: Zwei Männer, der eine in Samt und Seide und offenbar modern, der andere altmodisch und ärmlicher gekleidet, sitzen an zwei Tischen nebeneinander. Während die eine Tischplatte, die des Jüngeren und sichtlich Wohlhabenderen, mit Ziffern und Zahlen beschrieben ist, enthält die andere Rillen und Kügelchen. „Wer rechnet am schnellsten?" hieß die erregende Frage, der ziffernschreibende oder der „kugelschiebende" Mathematiker. Das zu entscheiden, steht die Göttin der Arithmetik, der Rechenkunst, mit

Ziffern gegen Kugeln –
Boethius gegen Pythagoras

ausgebreiteten Armen auf einem erhöhten Podest hinter den beiden Wettkämpfern. Obwohl unparteiisch, hat sie ihren Blick auf den Wohlbetuchten gerichtet. Er, der sich der indisch-arabischen Zahlenschreibweise bediente, gibt sich selbstbewußt und gelassen, kann er doch das Ergebnis bereits vorweisen, wohingegen sein Widerpart noch griesgrämig-verbissen an seinem Abakus, seinem Rechenbrett, hantiert. Auf schwebenden Bändern sind die Namen der Rivalen festgehalten. Danach siegte Boethius über Pythagoras.

In Wirklichkeit hat dieser Wettstreit nie stattgefunden, denn der Sieger ist über 1 000 Jahre jünger als der Besiegte. Pythagoras, den der Maler für den Erfinder des Abakusrechnens hielt, lebte mehr als eineinhalb Jahrtausende vor der Einführung der indisch-arabischen Zahlenschreibweise in Europa, und Boethius, ein römischer Staatsmann, Philosoph und Mathematiker (um 480 bis 524), konnte die Zeichen aus dem Osten auch noch nicht benutzen, denn sie waren zu seiner Zeit noch gar nicht entwickelt. Zum Beispiel stammt der älteste schriftliche Beleg für das Auftreten der Null in ihrer heutigen Form aus dem 9. Jahrhundert. Im Jahr 976 tauchte die neue Zahlenschreibweise, zunächst noch als eine Art Geheimwissenschaft, in Spanien zum erstenmal auf. Ab 1202 breitete sie sich, anfangs nur zögernd und gegen den Widerstand der

Kirche, in Italien aus, und in Deutschland begann ihr Siegeszug erst im 16. Jahrhundert.

Das Gemälde mit dem erfundenen Wettkampf soll den Sieg des Neuen über das Alte symbolisieren. Der große Altersunterschied zwischen den beiden dargestellten Mathematikern deutet eine historische Wahrheit an: Es dauerte viele Jahrhunderte, bis sich das Bessere endgültig durchsetzte. Sein Weg führte über ein neues bedeutendes mathematisch-wissenschaftliches Zentrum im Osten.

Wissen und Weisheit – hoch geachtet

An die Stelle von Alexandria, wo in den letzten Jahrhunderten vor unsrer Zeitrechnung das Wissen der Menschheit zusammengetragen und erweitert worden war, trat ein Jahrtausend später Bagdad, die Hauptstadt des heutigen Irak. Um 762 gegründet, entwickelte sich die Stadt schnell zum damaligen Zentrum der Gelehrsamkeit. Nach dem Vorbild Alexandrias wurde in ihr ein „Haus der Weisheit" eingerichtet, dem unter anderem eine große Bibliothek und ein Observatorium (eine Sternwarte) angeschlossen waren. Wissensströme aus vielen Quellen flossen dort zusammen. So wanderten aus dem Westen, vor allem aus Griechenland und Ägypten, Gelehrte ein, die von der christlichen Kirche in ihrer Arbeit behindert oder die gar wegen Ketzerei (das heißt, weil ihre Erkenntnisse bestimmten Glaubenssätzen entgegenstanden) verfolgt worden waren. Sie brachten viel Wertvolles mit, zum Beispiel die Geometrie des Euklid sowie Schriften über Astronomie und Geographie. Die neue Religion, die sich im Osten ausbreitete, der Islam, dessen Anhän-

Der islamische Gelehrte al-Farabi (870 bis 950) erläuterte die „Elemente" des Euklid

ger man Mohammedaner (auch Moslems oder Muslims) nennt, stand den Wissenschaften viel aufgeschlossener gegenüber. Die islamischen Herrscher, die Kalifen, sorgten dafür, daß die Werke aus den Mittelmeerländern ins Arabische übersetzt und gründlich ausgewertet wurden. Mit diesen Erkenntnissen vereinten sich Wissensschätze aus dem Orient. Beispielsweise steuerten persische Himmelsbeobachter zu dem, was aus dem Westen übernommen werden konnte, reichhaltige Erfahrungen bei. Da Bagdad ein bedeutender Handelsplatz war, gelangten mit indischen Waren auch Teile der indischen Mathematik dorthin. So zeigten Kaufleute aus dem Land am Ganges, daß es sich mit ihren Zahlzeichen, die wir heute als arabische Ziffern bezeichnen, sehr vorteilhaft rechnen läßt. Von großer Bedeutung war, daß man in Bagdad von den Chinesen die Kunst der Papierherstellung kennenlernte. So konnte das gesammelte Wissen – im Vergleich zu den Papyrusaufzeichnungen der Ägypter – auf neue und bessere Weise aufgehoben werden.

Aus dem Vorhandenen erwuchs viel Neues, Weiterführendes, und die Forschungen blieben nicht auf Bagdad und das „Haus der Weisheit" beschränkt. Vielerorts in den islamischen Ländern blühten die Wissenschaften auf. Dabei spielte die Astronomie eine besondere Rolle. In neuerrichteten Sternwarten wurden Himmelskarten erarbeitet, die alle früheren an Genauigkeit weit übertrafen. Parallel zur Sternkunde entwickelte sich ein wichtiger Zweig der Mathematik: die Trigonometrie, die Kunst der Dreiecksberech-

Arabischer Himmelsglobus
aus dem Jahr 1279

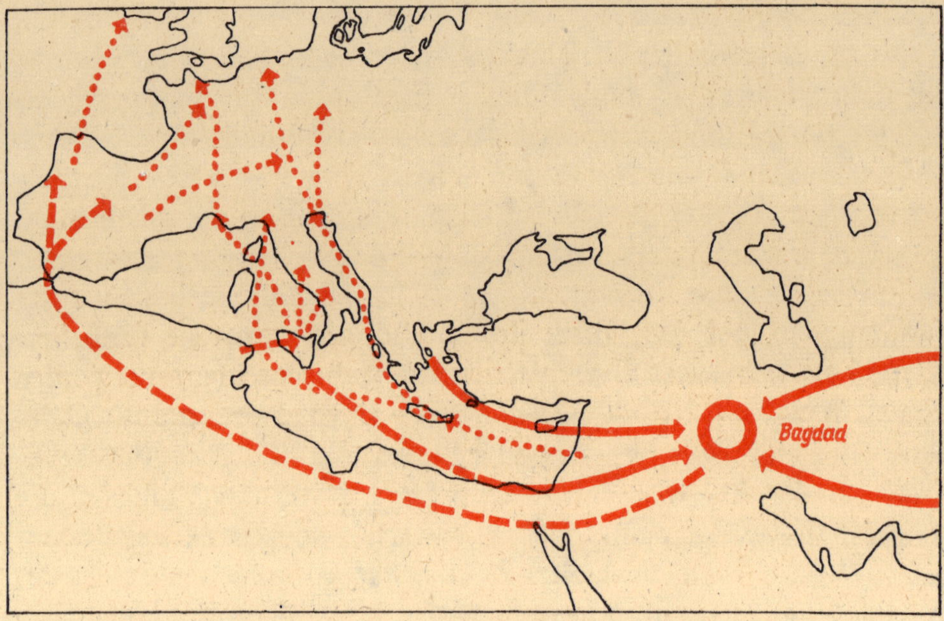

Wege des Wissens nach Bagdad und von Bagdad aus nach Europa

nung. Was heute dazu in den obersten Klassen der Schulen gelehrt wird, das begründeten islamische Gelehrte schon vor etwa tausend Jahren, wobei sie sich auch auf Arbeiten indischer Mathematiker stützen konnten.

Besonders berühmt wegen genauester trigonometrischer Berechnungen und vorzüglicher Sternkarten wurde das Observatorium von Samarkand. Ulug Beg, der Herrscher (1394 bis 1449), betätigte sich dort selbst als Astronom und Mathematiker. Für eine derartige Verbindung von Wissenschaft und Macht kennt die Geschichte nur ganz wenige Beispiele.

Da die Moslems im 8./9. Jahrhundert große Teile Europas unter ihre Herrschaft gebracht hatten, gelangte ihr Wissen weit nach Westen. Ausbreiten konnte es sich dort für lange Zeit allerdings nicht. Am tiefsten drang es in Spanien ein. Hier wurden Universitäten gegründet, an denen islamische Gelehrte ihren Studenten unter anderem die Geometrie der Griechen und die Arithmetik der Inder vermittelten. Natürlich lehrten sie auch die neuen Erkenntnisse zur Astronomie, Trigonometrie und Geographie, die in Bagdad gewonnen worden waren.

Den Christen hatten es ihre Kirchenführer untersagt, solche Stätten des „heidnischen Ungeistes“ zu besuchen. Wissensdurstige reizte es dennoch, die Schätze des Ostens kennenzulernen. So verkleidete sich zu Beginn des 12. Jahrhunderts ein christlicher Mönch namens Adelard von Bath als Moslem und studierte derart getarnt an der Universität von Córdoba. Dort übersetzte er bedeutende, in arabischer Sprache verfaßte Schriften ins Lateinische, die damals vorherrschende europäische Wissenschaftssprache, und schmuggelte seine Übersetzungen nach Britannien. Darunter befanden sich auch die Werke des Euklid, die, bevor sie nach Spanien kamen, erst vom Griechischen ins Arabische übersetzt worden waren. Welch ein Umweg: Alexandria – Bagdad – Córdoba – London!

Wegen des erbitterten Widerstands der christlichen Kirche gegen alles Nichtchristliche herrschte in Europa jahrhundertelang wissenschaftlicher Stillstand. Davon betroffen war auch, wie bereits erwähnt, die Verwendung der indisch-arabischen Ziffern. Innerhalb Europas wurden diese Zeichen über 200 Jahre lang nur in spanischen Universitäten gebraucht.

Die erste Mathematikolympiade?

Im Jahr 1226 fand ein Wettkampf „Feder gegen Abakus“ tatsächlich statt. Ausgetragen wurde er im italienischen Pisa, der Stadt mit dem weltbekannten Schiefen Turm, der damals allerdings noch nicht stand. Unter den Zuschauern befand sich der deutsche Kaiser Friedrich II. (von Hohenstaufen), der auch über Teile des heutigen Italien herrschte. Wie viele andere Schaulustige, wollte er den zu dieser Zeit wohl berühmtesten Mathematiker Europas, Leonardo Fibonacci (sprich Fibonatschi), der als „Waffe“ die Feder benutzte, bewundern.

Leonardo Fibonacci von Pisa, der ungefähr von 1180 bis 1250 lebte, war der Sohn eines reichen Kaufmanns. Auf Reisen, unter anderem nach Nordafrika und in den Orient, hatte er arabischen Händlern bei deren Rechnungen zugeschaut und so die indisch-arabische Ziffernschreibweise kennengelernt. Da er sie sehr vorteilhaft fand, vertiefte er sich mehr und mehr in die Werke arabischer Mathematiker. Auf diese Weise – ohne Schule und Lehrer – eignete er sich ein umfangreiches Wissen an. Das heißt, er lernte als Autodidakt (auto = selbst, Didaktik = Lehre vom Unterricht). Was er an Erkenntnissen gewonnen hatte, faßte er in einer Schrift zusammen. Sie erschien im Jahr 1202 unter dem Titel „Liber abaci". Diesem Namen – „Buch vom Abakus" – entspricht der Inhalt ganz und gar nicht. Es geht viel mehr um den Untergang des alten Rechenbretts, denn dargestellt wird das Rechnen mit den indisch-arabischen Ziffern.

Mit jenem Wettkampf wollte Fibonacci die Überlegenheit des Ziffern- über das Abakusrechnen demonstrieren. Seine „Ausrüstung" im Turnier, einer Art Mathematikolympiade, bestand aus einer Gänsefeder und einem mit Staub bestreuten Tischtuch. In die feine Staubschicht schrieb er arabische Ziffern, während seine Gegner, deren Namen die Geschichte nicht nennt, Rechenmarken auf Linien legten und hin- und herschoben.

Jede Aufgabe löste der „Kämpfer mit der Feder" am schnellsten, so daß er als Sieger aus dem Turnier hervorging. Der Kaiser wollte den Meister dafür belohnen. Doch der erbat sich weder Geld noch Gut, sondern nur des Mächtigen Hilfe bei der Durchsetzung des Neuen. Fibonacci ersuchte den Herrscher, unverzüglich anzuordnen, daß fortan überall im Lande mit arabischen Ziffern und der Null – „nach der Art der Inder" – gerechnet werden sollte. Friedrich II. versprach, kraft seines Amtes darauf hinzuwirken; halten konnte er sein Versprechen jedoch nicht. Er vermochte den Widerstand gegen das Neue nicht zu brechen. Im Jahr 1299, ein halbes Jahrhundert nach seinem Tod, wurde der Gebrauch der „heidnischen Ziffern" sogar verboten. Aufzuhalten war ihr Vordringen natürlich nicht. Während der Renaissance (14., 15., 16. Jahrhundert) faßten sie in Mittel- und Westeuropa endgültig Fuß. Zum Siegeszug der neuen, besseren Zeichen trugen die Erfindung des Buchdrucks und die Herausgabe der ersten gedruckten Rechenbücher wesentlich bei.

Hilfreiche Kugeln

Trotz seiner Niederlage im Wettstreit gegen die Feder lebt der Abakus in vielen Spielarten noch heute. Und er funktioniert nicht schlecht. Zum Beispiel wird in Japan und in anderen ostasiatischen Ländern mit einer ähnlichen „Maschine“, dem Soroban, gerechnet. In der Sowjetunion bedient man sich gern der Stschjoty (abgeleitet von счëт = Rechnung), einem handlichen „Rechenbrett“ mit waagerecht angeordneten Kugeln, die auf Drähten gleiten. Man staunt, wie schnell und sicher geübte Stschjotyrechner, zum Beispiel Verkäuferinnen, arbeiten. Mit der Feder dürften sie nicht so leicht zu bezwingen sein.

Einem französischen Offizier, der 1812 beim Feldzug Napoleons gegen Rußland gefangengenommen wurde, gefiel die russische Rechenmaschine so gut, daß er sie nach seiner Rückkehr in seiner Heimatstadt Metz einführte.

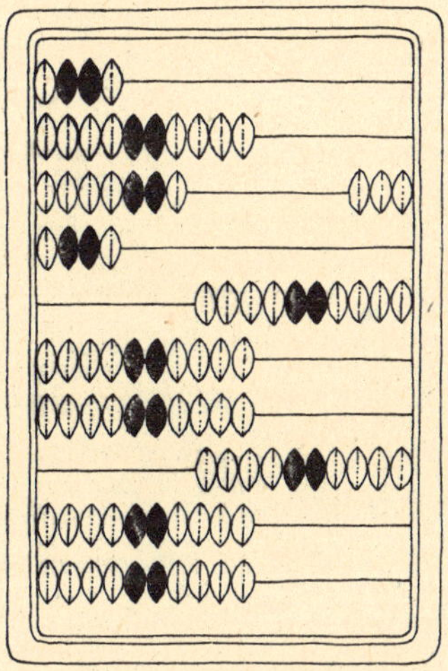

Russisches Rechenbrett

Schulrechengerät

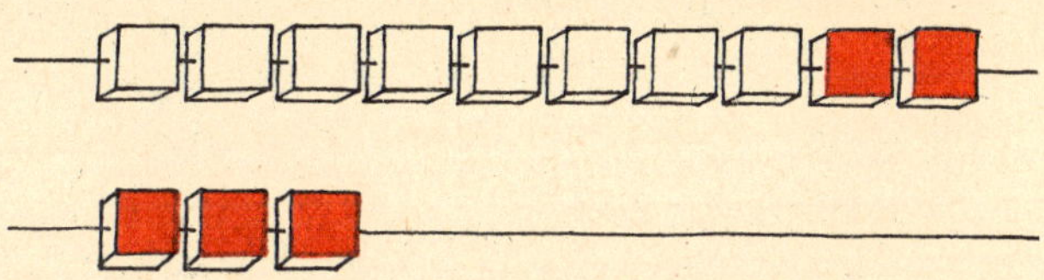

In unseren Schulen ist eine Abart des Abakus bzw. der Stschjoty unentbehrlich. Mit Hilfe von verschiebbaren, vierfarbig gestalteten Würfeln lernen die Jüngsten daran zunächst das Addieren und das Subtrahieren. Die Zeichnung zeigt, wie sie auf diese Weise die Aufgabe 8 + 5 lösen. (8 Einer plus 2 Einer plus 3 Einer gleich 13 Einer) Hierbei hat jeder Würfel den gleichen Wert, so daß die unterschiedlichen Positionen (1. Draht, 2. Draht) keine Rolle spielen.

Dank einem überkommenen, etwa handgroßen Exemplar, das in einem Pariser Museum aufbewahrt wird, weiß man auch, wie mit dem alten römischen Abakus gerechnet wurde. In der Zeichnung

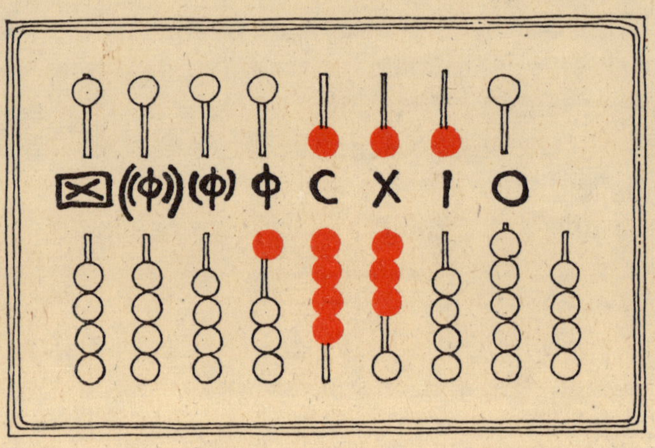

Römischer Handabakus

oben ist die Zahl 1985 dargestellt, wobei die Kugeln in den oberen, kürzeren Rillenteilen jeweils die Einheit „5“ angeben.

Von der 4. bis zur 7. Rille (von links) bedeuten die Stellungen der einzelnen Kugeln:

$$
\begin{aligned}
1 \cdot 10^3 &= 1\,000 \\
9 \cdot 10^2 &= 900 \\
8 \cdot 10^1 &= 80 \\
5 \cdot 10^0 &= 5 \qquad \text{(Festlegung: } 10^0 = 1;\ 2^0 = 1;\ a^0 = 1)
\end{aligned}
$$

Summe = 1985.

Die Kugeln in der 8. und 9. Rille stellen Bruchteile dar.
Man sieht: Die Römer rechneten in bezug auf die ganzen Zahlen in einem Zehnerpositionssystem. Die Ergebnisse, die ihr Abakus auswies, mußten sie schließlich in ihre schwerfällige Zahlenschreibweise übertragen, wobei die Vorteile des Positionssystems wieder verlorengingen.

Die obige Zahl schrieben sie so nieder:

MCMLXXXV.

Die ersten Abakusrechner waren die Römer, deren reger Handel ein solches Hilfsmittel erforderte, sicherlich nicht. Ein ähnliches Gerät kannte man in China bereits vor über 3000 Jahren. Es hieß Suan-Pan (auch Suanpan oder Soroban).

Im mittelalterlichen Frankreich wurde der Rechentisch bureau (sprich büro) genannt. Später übertrug man diese Bezeichnung auf den Raum, in dem er stand. Von dort ist unser Fremdwort Büro abgeleitet.

Nach Adam Ries

Eine ebenso alte wie bekannte Redensart lautet: „Nach Adam Ries“ (erhält man dieses oder jenes Resultat). Das soll besagen, daß es an der Richtigkeit des Ergebnisses keinen Zweifel gibt. Die Wendung geht auf den Mann zurück, der – etwas übertrieben ausgedrückt – die Deutschen das Rechnen lehrte, als diese Kunst für die meisten Menschen noch „ein Buch mit 7 Siegeln“ war und sehr schwer erlernbar schien. Wegen dieser weitverbreiteten Unkenntnis fanden damals wandernde „Abakuskünstler“, die ihre Rechentische auf Märkten und Messen aufschlugen, regen Zuspruch. Vielleicht wäre der Rechenmeister, der noch heute in aller Munde ist, nie so populär geworden, wenn er in einer anderen Zeit gelebt hätte. Die geschichtliche Entwicklung kam seinem Wirken entgegen.

Adam Ries wurde 1492, in dem Jahr, in dem Kolumbus Amerika entdeckte, geboren. Wenig später erreichte Vasco da Gama Indien auf dem Seeweg. Damit dehnte sich der Handel weltweit aus. Auch in Deutschland entstanden mächtige Handelshäuser. Sie bereicherten sich unter anderem am Erzbergbau, das heißt vor allem durch den Verkauf von Silber und Kupfer. In den Städten blühte das Handwerk auf. Ob es um Preise, Löhne oder um den Tausch von Währungen ging – es mußte mehr und mehr gerechnet werden. Doch vielerorts fehlten befähigte Köpfe. Zum Beispiel wurden durch öffentliche Anschläge „Rechenherren“ für den ertragreichen

Rechenung nach der
lenge/ auff den Linihen
vnd Feder.
Darzu forteil vnd behendigkeit durch die Proportiones/ Practica genant/ Mit gründlichem
vnterricht des visierens.
Durch Adam Riesen.
im 1550. Jar.
ANNO 1550 ADAM RIES SEINS ALTERS IM LVIII
Cum gratia & priuilegio
Cæsareo.

Titelblatt eines
Rechenbuchs
von Adam Ries

Erzbergbau in den Erzgebirgsstädten gesucht. Möglicherweise folgte Adam Ries einem solchen Aufruf nach Annaberg, wo er die längste Zeit seines Lebens wirkte und 1559 starb.

Vor allem das Studium alter mathematischer Schriften hatte Ries zu Kenntnissen verholfen, mit denen er die meisten seiner Zeitgenossen weit überragte. Das Schulwesen steckte noch in den Anfängen. Jahrhundertelang war Bildung in Klöstern und anderen kirchlichen Einrichtungen nur wenigen Auserwählten vermittelt worden. Erst im 13./14. Jahrhundert, mit dem Aufschwung des Handels und Wandels in den Städten, wurden in Deutschland „Knaben- und Maidlinschulen“ gegründet. Mancherorts konnten die Kinder allerdings nur das Lesen lernen. Es entstanden aber auch reine Rechenschulen, die von sogenannten Rechenmeistern geleitet wurden.

Eine solche Bildungsstätte unterhielt Adam Ries eine Zeitlang im erzgebirgischen Annaberg. Daher sein „Titel“.

Dank der Erfindung des Buchdrucks konnte er sein Wirken auf ganz Deutschland ausdehnen, verfaßte er doch Rechenbücher, die auf die Praxis gerichtet und über 200 Jahre in Gebrauch waren. Sein Hauptverdienst besteht darin, daß er die Deutschen das schriftliche Rechnen mit den indisch-arabischen Ziffern lehrte. Im Titel eines seiner Bücher bezeichnet er das als „Rechnung auf der Feder“ – im Gegensatz zum „Rechnen auf der Linie“, das heißt auf dem Rechentisch. Neues entwickelte er nicht. Aber er verstand, das Vorhandene gut aufzubereiten.

Einige seiner Aufgaben verlangen das Bestimmen von Variablen, zum Beispiel: „Eine Anzahl Personen, Landsknechte und Bauern, sind zusammen 1200. Das Verhältnis beider zueinander ist so: Wenn ich den vierten Teil der Bauern zur Hälfte der Landsknechte zähle, so erhalte ich die Zahl der Landsknechte. Wieviel Bauern und wieviel Landsknechte sind es?“

Der Rechenmeister vermochte die Lösung nur mit den Mitteln seiner Zeit anzugeben. Er zeigte den Weg über das Probieren: „Nimm an, es wären 500 Landsknechte und 700 Bauern gewesen ...“ Heute gelangen wir mit Hilfe von Variablen schneller zum Ziel. Zu Anfang setzen wir fest, daß es sich um x Landsknechte und demzufolge $1200 - x$ Bauern handelte. Die Gleichung lautet dann:

$$\frac{1200-x}{4}+\frac{x}{2}=x.$$

Und wie heißt die Lösung?[16]

Türkische Zahlen

Die Bedeutung und die Schreibweise gemeiner Brüche erklärte Adam Ries seinen Schülern so: „3 in 4 zu teilen geschieht durch die Linie, so in der Mitt hindurchgezogen wird, also $\frac{3}{4}$“.

Dezimalbrüche wie 0,75 für $\frac{3}{4}$ kannte er hingegen noch nicht. Solche Zahlen mit Komma finden sich aber bereits in der ersten Hälfte des 15. Jahrhunderts in einem Werk eines persischen Mathematikers. Es enthält unter anderem die Aufgabe $25{,}07 \cdot 14{,}3$. Nach Mitteleuropa gelangten Andeutungen dieser islamischen Errungenschaft wahrscheinlich mit den türkischen Truppen, die 1521 Belgrad eroberten und 1529 Wien belagerten. Jedenfalls wurden die neu aufkommenden Dezimalbrüche im Abendland als „türkische Zahlen“ bezeichnet. Aber man behalf sich zunächst mit einer etwas umständlichen Darstellungsweise. Sie geht auf den niederländischen Ingenieur und Naturforscher Simon Stevin zurück. In einem Buch, das er 1585 veröffentlichte, verwandte er statt des Kommas eine Null und numerierte alle folgenden Stellen der Reihe nach durch. Zum Beispiel sah der Dezimalbruch 4,375 so aus:

4 ⓪ 3 ① 7 ② 5 ③.

Simon Stevin

Man könnte lesen: „4 Ganze, 3 Zehntel, 7 Hundertstel, 5 Tausendstel.“ In Potenzschreibweise $\left(10^{-1} = \frac{1}{10} = 0{,}1;\ 10^{-2} = \frac{1}{100} = 0{,}01 \text{ usw.}\right)$ bedeutet das:

$$4 \cdot 10^0 + 3 \cdot 10^{-1} + 7 \cdot 10^{-2} + 5 \cdot 10^{-3},$$

$$\text{das ist } 4 \quad + 0{,}3 \quad + 0{,}07 \quad + 0{,}005 = 4{,}375.$$

Erst hundert Jahre nach den Persern kamen die Europäer auf die bestmögliche Schreibweise von Dezimalbrüchen. (Also hatten sie das persische Verfahren auf dem Weg über die Türken wohl doch nur andeutungsweise kennengelernt.) Der schottische Gutsbesitzer John Neper (1550 bis 1617), dessen Hobby, wie wir heute sagen würden, die Mathematik war, führte den Dezimalpunkt ein. Allerdings erschien das Buch, das diese Darstellungsweise popularisieren half, erst zwei Jahre nach seinem Tod. Der Punkt wandelte sich schnell in ein Komma, aber in Nepers Heimat ist es bis heute bei der ursprünglichen Form geblieben. Zum Beispiel kann man in englischen Zeitungen lesen, daß eine bestimmte Gewerkschaft 1.8 Millionen Mitglieder hat oder daß auf der Erde gegenwärtig rund 4.9 Milliarden Menschen leben. Verblüffung lösen jedoch englischsprachige Angaben aus, wonach Tausende von Menschen zu einer Friedensdemonstration mit 1,500 Omnibussen anreisten oder daß ein Berg in einem Wintersportzentrum über 1,000 m hoch ist. Im Englischen werden größere Zahlen statt durch Lücken oft durch Kommas gebündelt. Andere Länder – andere Sitten! In der Mathematik kommen solche Abweichungen, die zu Irrtümern führen können, glücklicherweise nur selten vor.

Heute unterscheiden wir 3 Arten von „türkischen Zahlen“ (Dezimalbrüchen): 1. die endlichen, 2. die unendlich-periodischen und 3. die unendlich-nichtperiodischen.

Die letzteren sind irrationale Zahlen (wie π). Sie ergeben sich nicht, indem man zwei natürliche Zahlen (p und q) durcheinander dividiert. Hingegen liefert die Division des Zählers p durch den zu ihm teilerfremden Nenner q in jedem Fall einen endlichen oder einen unendlich-periodischen Dezimalbruch.

Enthält q nur die Primfaktoren 2 und (oder) 5, dann wird die Rechnung „aufgehen“, das heißt, irgendwann muß der Rest gleich Null sein. Beispielsweise erhält man bei der Umwandlung von $\frac{7}{16}$

(da $16 = 2^4$) einen endlichen Dezimalbruch: $7:16 = 0{,}4375$. Dasselbe gilt auch, wenn der Nenner (beim Dividieren der Divisor) 25, 32, 40, 64, 125 oder 128 heißt, denn bei der Zerlegung dieser Zahlen kommen nur die Faktoren 2 und (oder) 5 vor. Daß hier ein Ende der Rechnung eintritt, hängt mit den Gesetzmäßigkeiten der Teilbarkeit (Teilbarkeitsregeln!) zusammen. Man denke an die beim Dividieren „heruntergezogenen" Nullen!

Sobald aber bei q außer 2 oder 5 noch andere oder überhaupt nur andere Primfaktoren auftreten, wird der Quotient $\frac{p}{q}$ unendlich-periodisch (wobei p auf die Form des Ergebnisses keinen Einfluß hat). Unter anderem, wenn q Element der Menge {3, 6, 7, 9, 11, 12, 13, 14, 15, 17, 18, 19, 21, 22, 23, 24, 26, 27, 28} ist. Dann braucht man nicht zu probieren, ob sich beim Dividieren vielleicht einmal der Rest Null einstellt. Bei solchen Divisoren kann er sich nicht ergeben.

Von vornherein läßt sich aber einiges über die Form eines zu erwartenden unendlich periodischen Dezimalbruchs erkennen. Beispielsweise wird aus der Division von p durch 3, 7, 9 oder 11 ein reinperiodischer Dezimalbruch – bei dem die Periode gleich nach dem Komma beginnt – hervorgehen, während Nenner (q) wie 6, 12, 14 oder 15 auf gemischt periodische Dezimalbrüche – deren Periode nicht unmittelbar auf das Komma folgt – führen:

$$\frac{1}{7} = 1:7 = 0{,}\overline{142857}; \quad \text{aber } \frac{1}{14} = 1:14 = 0{,}0\overline{714285}$$

Ob nach dem Komma vorperiodische Ziffern $\left(\text{wie die Null bei } \frac{1}{14}\right)$ auftreten oder nicht, darüber entscheiden wiederum die Primfaktoren von q. Nur dann, wenn sich darunter weder eine 2 noch eine 5 befindet, entsteht ein rein periodischer Dezimalbruch. Seine Periode hat höchstens $q - 1$ Ziffer, bei der Division durch 7 also im Höchstfall 6. Wie läßt sich das begründen?[17]

Interessant ist auch ein Vergleich von unterschiedlichen Brüchen mit gleichem Nenner:

$$\frac{1}{7} = 0{,}\overline{142857}; \quad \frac{2}{7} = 0{,}\overline{285714}; \quad \frac{3}{7} = 0{,}\overline{428571}.$$

Wer diese Perioden aufmerksam betrachtet, erkennt die Gesetzmäßigkeit und kann, nachdem er die jeweils 1. Ziffer nach dem

Komma ermittelt hat, für $\frac{4}{7}$, $\frac{5}{7}$ und $\frac{6}{7}$ alle anderen ohne weitere Rechnung sofort niederschreiben. Auch alle unechten Brüche mit dem Nenner 7, zum Beispiel $\frac{16}{7}$, lassen sich nunmehr sogleich dezimal angeben. Wie muß man verfahren?[18]

Kurz und prägnant

Ein geübter Stenograph (Kurzschriftschreiber) braucht nur etwa 10 Sekunden, um den folgenden Text zu Papier zu bringen:

„Vermehrt man das Dreifache einer Zahl um 4,2, so erhält man ebensoviel wie bei der Verminderung dieser Zahl um 0,2. Wie heißt sie?"

Noch schneller schafft die Niederschrift ein Mathematiker. Er schreibt einfach:

$3x + 4{,}2 = x - 0{,}2.$

Das war zu Adam Ries' Zeiten, selbst in der hochentwickelten arabisch-islamischen Mathematik, noch nicht üblich. Der Annaberger Rechenmeister formulierte seine Aufgaben und deren Lösungswege für unsere Begriffe recht umständlich, nämlich sehr wortreich. Zum Beispiel fehlen in seinen Rechenbüchern die mathematischen Zeichen. An ihrer Stelle gebrauchte er Wörter, wie „plus" oder „mer" (in der damaligen Rechtschreibung), „minus" oder „nimm hinweg!", „mal" und „teil ... in". Statt der Gleichheitszeichen verwendete er Ausdrücke wie „macht", „kommt" oder „thut in summa".

Teilweise gab es aber die heute gebräuchlichen Symbole schon, beispielsweise + und − (seit 1489). Es dauerte jedoch sehr lange, bis sich ihre Verwendung allgemein durchsetzte. Andere Symbole kamen im 16./17. Jahrhundert hinzu, unter anderem das Gleichheits- und die Ungleichheitszeichen (=; <; >) sowie das früher übliche, heute mitunter noch verwendete Multiplikationskreuz (×; siehe Taschenrechner). Den Punkt an Stelle dieses Kreuzes und den Doppelpunkt zur Kennzeichnung der Division führte Gottfried Wilhelm Leibniz ein.

Der französische Mathematiker François Vieta (1540 bis 1603) gilt als der Schöpfer der Buchstabenalgebra, das heißt des Aufstellens und Lösens von Gleichungen mit Hilfe von Buchstaben für Unbekannte (Variable, zu deutsch „Veränderliche"). In einem Buch schrieb er, daß er es für nötig hielt, der Gleichungslehre, damit sie nicht „nach dem alten Moder rieche", eine „vollkommen neue Form zu geben." So kleidete er mathematische Sachverhalte kurz und knapp in eine formelhafte Zeichensprache, wie wir sie heute in unseren Tafelwerken finden und womit wir zu rechnen gewohnt sind. Diese Darstellungsweise erleichtert uns die Arbeit außerordentlich.

Als Beispiel für die Kürze und Prägnanz der modernen Sprache der Mathematik sei ein Satz aus der Geometrie angeführt: „Der Flächeninhalt A eines Trapezes ist gleich dem halben Produkt aus der Summe der Längen der beiden parallelen Seiten und der Länge der Höhe". Nach Vieta und in der heute üblichen Form heißt das:

$$A = \frac{a + c}{2} \cdot h.$$

Kürzer und übersichtlicher läßt sich ein Rechenweg wohl kaum formulieren.

Wunderbare Rechnungszahlen

Zu Beginn des 17. Jahrhunderts gab es – nach der Einführung der „türkischen Zahlen" – noch einen weiteren bedeutenden Rechenfortschritt. So erschien im Jahr 1614 in Edinburgh ein Buch, dessen Titel „wunderbare Rechnungszahlen" verhieß. Die Rede war von Logarithmen (Einzahl: Logarithmus, was, vom Griechischen abgeleitet, etwa Verhältnis- oder Rechnungszahl bedeutet). Hoch gepriesen wurden sie wegen ihres Vermögens, Schwieriges auf Einfaches zurückzuführen. Anstatt zu multiplizieren und zu dividieren, braucht man mit ihrer Hilfe nur noch zu addieren bzw. zu subtrahieren. Zu praktizieren ist das mit dem Rechenstab. Indem dessen „Zunge" hin- und hergeschoben wird, werden scheinbar, rein äußerlich, Additionen und Subtraktionen von Strecken vorgenommen. In Wirklichkeit löst man Multiplikations- und Divisionsaufgaben.

Jost Bürgi

Dem Verfasser jener „Beschreibung einer Tafel wunderbarer Rechnungszahlen" begegneten wir bereits. Er machte sich ebenso um die Einführung der Dezimalzahlen verdient: der schottische Gutsbesitzer John Neper (mitunter auch Napier genannt). Bei seinen Logarithmen konnte er auf die Vorarbeiten anderer zurückgreifen, zum Beispiel auf die des Pfarrers und späteren Mathematikers Michael Stifel (1487 bis 1567), der eine Zeitlang an der Universität in Jena lehrte. Auch der Schweizer Uhrmacher und Feinmechaniker Jost Bürgi (1552 bis 1632) befaßte sich schon eher mit diesem Stoff. Aber mit der Veröffentlichung seiner Niederschriften zögerte er sehr lange, so daß ihm der Schotte zuvorkam.

Schon in den unteren Schulklassen, wenngleich man ihren Namen dort nicht erwähnt, werden die „wunderbaren Zahlen" indirekt verwendet. Zum Beispiel lauten Aufgaben:

Berechne folgende Potenzen!

a) 2^4 b) 3^5 c) 5^3

Die Lösungen $2^4 = 16$, $3^5 = 243$ und $5^3 = 125$ lassen sich auch in die folgenden, etwas kompliziert aussehenden Formen bringen:

$4 = \log_2 16 \qquad 5 = \log_3 243 \qquad 3 = \log_5 125.$

Das bedeutet: 4 ist der Logarithmus zur Basis 2, so daß man als Potenz 16 erhält. Entsprechendes gilt für die beiden anderen Gleichungen. Also bezeichnet jenes Fremdwort eine Zahl, mit der man eine bestimmte Basis potenzieren muß, um ein vorgegebenes Ergebnis zu erhalten.

Als eine besonders vorteilhafte Basis erwies sich die 10. Tafeln dazu erarbeitete mit großem Eifer ein „Nachfolger" John Nepers, der englische Mathematiker Henry Briggs (1556 bis 1630), der anfangs noch mit seinem „Vorgänger" zusammenwirkte. Ihm zu Ehren nennt man die dekadischen (deka = 10) auch Briggssche Logarithmen. Ursprünglich waren sie bis auf 14 Stellen nach dem Komma errechnet. Normalerweise begnügen wir uns mit 4 Dezimalen. Zum Beispiel:

$$10^{1,3010} = 20 \text{ bzw. } 1,3010 = \log_{10} 20.$$

Verwenden wir hingegen für n in 10^n nur ganze Zahlen, können wir eine Tabelle wie die folgende zusammenstellen, ohne in einer Logarithmentafel nachschlagen zu müssen:

n	3	2	1	0	−1	−2	−3
10^n	1 000	100	10	1	0,1	0,01	0,001

Hier zeigt sich der Vorteil des logarithmischen Rechnens. Will man Zahlen der unteren Reihe miteinander multiplizieren, braucht man nur die darüberstehenden Logarithmen zu addieren. Unter anderem:

$$1\,000 \cdot 100 \quad = 10^{3+2} = 10^5 = 100\,000$$
$$100 \cdot \quad 0,01 = 10^{2+(-2)} = 10^0 = 1.$$

Umgekehrt ist beim Dividieren zu verfahren:

$$1\,000 : 100 \quad = 10^{3-2} = 10^1 = 10$$
$$100 : \quad 0,01 = 10^{2-(-2)} = 10^4 = 10\,000.$$

Mit dem Rechenstab lassen sich, wenn auch nur näherungsweise, selbst Aufgaben wie

$$x = \frac{4350 \cdot 137}{286}$$

in Sekundenschnelle lösen, weil sich seine Arbeitsweise auf Logarithmen gründet.

IM BUCH DER NATUR GELESEN

Planeten auf der Waage

Selbst die größten Naturwissenschaftler und Denker des Altertums wären ratlos gewesen, wenn sie die Masse der ganzen Erde zu bestimmen gehabt hätten. Wahrscheinlich glaubten sie, daß der Mensch nie und nimmer dahinterkommen würde, wie schwer sein Planet ist. Heute steht es in jedem einschlägigen Lexikon: rund

$6 \cdot 10^{24}$ kg $= 6 \cdot 10^{21}$ t.

Mit Worten: 6 Quadrillionen Kilogramm oder 6 Trilliarden Tonnen. Woher weiß man das?

In dieser Zahl stecken die Erkenntnisse von Tausenden Jahren Menschheitsgeschichte. Sowohl die Beobachtungen der frühesten Seefahrer als auch die Überlegungen vieler Generationen von Naturforschern und Mathematikern flossen in sie ein. Sie wäre nicht gefunden worden ohne die Erkenntnis von der Kugelgestalt der Erde, ohne die Bestimmung ihres Radius und ohne die Entdekkung grundlegender Himmelsgesetze. Weil der Mensch es immer besser lernte, im „Buch der Natur" zu lesen und die darin enthaltenen Zahlen aufzuspüren, zu verstehen und teilweise sogar anzuwenden, wuchs sein Wissen über alle scheinbaren Grenzen hinaus.

Schon vor etwa 3000 Jahren war seefahrenden phönikischen Kaufleuten aufgefallen, daß sich von Schiffen, die ihnen aus großer Entfernung entgegenkamen, zuerst die Mastspitzen zeigten, bevor sie nach und nach ganz sichtbar wurden. Aus dieser Beobachtung schlossen sie auf die Kugelform der Erde. Berühmte Gelehrte vertraten später aus unterschiedlichen Gründen die gleiche Auffassung. Bewiesen werden konnte sie nach vielem Für und Wider erst

Je näher das Schiff, desto „höher" der Berg

im 16. Jahrhundert, als eine portugiesische Flotte unter dem Kommando des Kapitäns Fernão de Magalhães in westlicher Richtung aus ihrem Heimathafen auslief und ein kleiner Teil der Besatzung, aus dem Osten kommend, nach dreijähriger Fahrt dorthin wieder zurückkehrte. Die wenigen Überlebenden waren rund um den Erd*ball* gesegelt.

Dessen Umfang hatte schon Eratosthenes zu bestimmen versucht. Im Laufe der Zeit wurden die Messungen immer präziser vorgenommen. Heute wissen wir, daß die Erde, an den Polen abgeplattet, einer Kugel ähnelt, die einen Radius von rund 6370 km hat.

Ein ganz wichtiges Glied in dieser Kette von Erkenntnissen, die zur Bestimmung der Erdmasse führten, fügte der große englische Physiker, Mathematiker und Astronom Isaac Newton (sprich Nju-

Isaac Newton

ten) ein. Er lebte von 1643 bis 1727 und gilt als einer der größten Naturforscher aller Zeiten. Schon eine einzige Entdeckung hätte ihn unsterblich gemacht: die des Gravitationsgesetzes (lateinisch gravitas = Schwere). Es besagt, daß sich alle Körper – die irdischen wie die himmlischen – gegenseitig anziehen. Nur darum fliegt der Begleiter unseres Planeten, der Mond, weder weg, noch stürzt er herab, und nur darum bleibt die Erde auf ihrer Bahn um die Sonne. Auch ein Apfel, der vom Baum zu Boden fällt, folgt dem gleichen Gesetz. (Würde er waagerecht so schnell wie ein Sputnik wegfliegen, fiele er, wenn es keinen Luftwiderstand und keine Hindernisse gäbe, um die Erde herum!)

Newton studierte das Buch der Natur so gründlich, daß er eine zutiefst verborgene Zahl fand. Sie tritt bei der gegenseitigen Anziehung von Massen (wie Sonne und Erde, Erde und Mond, Erde und

Apfel) als unveränderlicher Proportionalitätsfaktor in Erscheinung, weswegen man sie als Gravitationskonstante bezeichnet (konstant = gleichbleibend). Mit ihrer Hilfe lassen sich die Anziehungskräfte in Zahlen fassen. So kann man aus der Wirkung der Erdanziehung auf einen anderen Körper, zum Beispiel auf den Mond, auf die Masse unseres Planeten schließen.

Auch aus der Beschleunigung (Geschwindigkeitszunahme), die ein im luftleeren Raum herabfallender Gegenstand erfährt, läßt sich die Erdmasse errechnen. Da der Fallweg von Sekunde zu Sekunde um rund 10 m länger wird, beträgt die sogenannte Schwerebeschleunigung

$$10\,\frac{\mathrm{m}}{\mathrm{s}^2}, \text{ wofür man auch } 10\,\mathrm{m}\cdot\mathrm{s}^{-2} \text{ schreiben kann.}$$

Bedeuten G die Gravitationskonstante, g die Schwerebeschleunigung, r den Erdradius und m die Erdmasse, dann lautet die Rechnung:

$$m = \frac{g \cdot r^2}{G}.$$

Das sieht zunächst, vor allem wegen der Konstanten G, sehr kompliziert aus:

$$m \approx \frac{10\,\mathrm{m}\cdot\mathrm{s}^{-2}\cdot 6\,370\,000\,\mathrm{m}\cdot 6\,370\,000\,\mathrm{m}}{6{,}67\cdot 10^{-11}\,\mathrm{kg}^{-1}\,\mathrm{m}^3\,\mathrm{s}^{-2}}$$

Nach Kürzen und Umformen bleibt übrig:

$$m \approx \frac{10\cdot 6\,370\,000\cdot 6\,370\,000\cdot 10^{11}\,\mathrm{kg}}{6{,}67}$$

Man erhält:

$$m \approx 6\,000\,000\,000\,000\cdot 10^{12}\,\mathrm{kg} = 6\cdot 10^{24}\,\mathrm{kg}.$$

Die gleiche Masse hätten etwa 82 Monde von der Größe unseres Himmelsnachbarn und Begleiters, dessen Radius ungefähr 1 740 km beträgt.

Eisenkugel oder Daunenfeder?

Wohl niemand würde die Frage, welcher von einem Turm herabgelassene Gegenstand – eine eiserne Kugel oder eine Daunenfeder –

eher am Boden anlangt, falsch beantworten. Natürlich der schwerere. Womöglich triebe die Luftbewegung die Feder gar aufwärts. Ganz anders jedoch verliefe der freie Fall beispielsweise in einem luftleeren Glasrohr. Die beiden kämen nach gleichzeitigem Start auch gleichzeitig unten an. Das erscheint nun gar nicht mehr so selbstverständlich und wird oft bezweifelt. Aber es ist ein unumstößliches Gesetz, daß dann, wenn nur die Erdanziehungskraft wirkt, ein leichterer Körper genauso schnell fällt wie ein schwererer.

Entdeckt wurde es von einem der berühmtesten Naturforscher vor Newton, dem Italiener Galileo Galilei (1564 bis 1642). Von ihm stammt der Ausspruch, daß das Buch der Natur in der Sprache der Mathematik geschrieben sei, und er setzte alles daran, in diese „verschlüsselte" Schrift einzudringen. Unermüdlich beobachtete, maß und rechnete er. Unzählige Experimente stellte er an.

Ein wichtiges Instrument fehlte dem Wissenschaftler allerdings für seine Arbeit: eine Stoppuhr. Doch gerade auf die Zeit kam es bei seinen Fallversuchen an. Darum baute er sich als Behelf eine Wasseruhr, die aus zwei übereinander angebrachten Behältern bestand und deren Wirkungsweise darauf beruhte, daß die Flüssigkeit gleichmäßig aus dem oberen in den unteren träufelte. Da der freie Fall für einen so trägen Zeitmesser zu schnell vonstatten ging, benutzte Galilei zu seinen Experimenten eine Rinne. Je steiler er sie anstellte, um so schneller rollten die Kugeln darin hinab. Doch welchen Neigungswinkel er auch wählte, immer ergab sich ein und dieselbe Gesetzmäßigkeit. Drei Zahlenreihen sollen das Ergebnis verdeutlichen. Die obere gibt die verflossene Zeit an, die anderen zeigen, wie weit die Kugeln währenddessen hinabliefen, wobei der Winkel zwischen der Rinne und der Waagerechten bei a) kleiner war als bei b):

	1 s	2 s	3 s	4 s	5 s
a)	0,5 m	2 m	4,5 m	8 m	12,5 m
b)	1 m	4 m	9 m	16 m	25 m

Es ist zu erkennen, daß die zurückgelegten Wege proportional zum Quadrat der zugehörigen Zeit anwachsen, denn $2^2 \cdot 0{,}5\,\text{m} = 2\,\text{m}$; $3^2 \cdot 0{,}5\,\text{m} = 4{,}5\,\text{m}$; $2^2 \cdot 1\,\text{m} = 4\,\text{m}$; $3^2 \cdot 1\,\text{m} = 9\,\text{m}$ usw.

● Welche Wege müßten unter einer Zeit von 6 Sekunden stehen?[19]

In gleicher Weise, so vermutete Galilei, müßte sich die Erdanziehung auch auf den freien Fall auswirken. Er behielt recht. Messungen mit Stoppuhren bestätigten später seine Annahme. Danach fällt ein Körper in der ersten Sekunde ungefähr 5 m in Richtung Erdmittelpunkt, in der zweiten rund 15 m, in der dritten etwa 25 m. (Das sind zusammen 45 m.) Mit jeder Sekunde verlängert sich der Fallweg also um rund 10 m. Statt „10 m Zuwachs pro Sekunde" schreibt man in der Sprache der Mathematik und der Physik:

$$10\frac{m}{s^2} \text{ oder } 10\,m/s^2 \text{ oder } 10\,m \cdot s^{-2}.$$

Die Experimente führten schließlich auf die Formel

$$s = \frac{1}{2} g \cdot t^2,$$

wobei s der Fallweg ist, g die Schwerebeschleunigung (Geschwindigkeitszunahme) und t die Zeit. Demzufolge legt ein Körper im freien Fall und ohne Einwirkung von Luft beispielsweise in 5 s einen Weg von $s = \frac{1}{2} \cdot \frac{10\,m}{s^2} \cdot 25\,s^2 = 125\,m$ zurück. Und das gilt für eine Eisenkugel gleichermaßen wie für eine Daunenfeder.

Zur Vorführung seiner Entdeckung wählte Galilei angeblich den Schiefen Turm von Pisa. Gleichzeitig ließ er einen schweren und

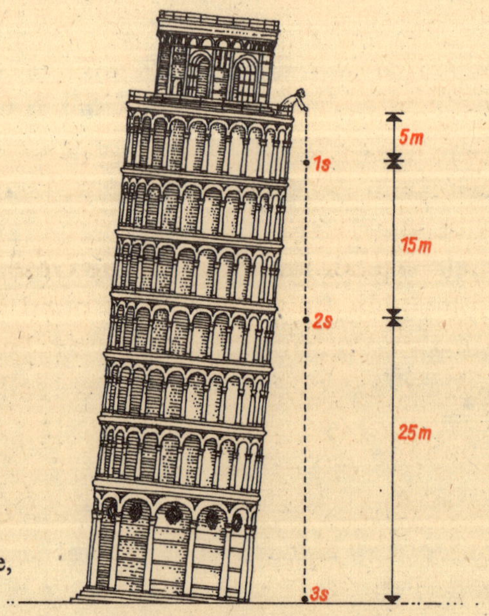

Fallversuch Galileis am Schiefen Turm von Pisa. (Ob er wirklich diesen Ort wählte, wird mitunter bezweifelt.)

einen leichten Körper hinab. Damit der Luftwiderstand nicht unterschiedlich einwirken konnte, waren sie von gleicher äußerer Beschaffenheit. Wie vorausgesagt, schlugen beide im gleichen Augenblick unten auf.

Die schwingende Lampe

Schon als junger Medizinstudent – ursprünglich wollte er Arzt werden – durchforschte Galilei das Buch der Natur nach Zahlen und Gesetzen. Bei einem Besuch im Dom von Pisa fiel ihm eine Lampe auf, die, durch irgendeinen Anstoß in Bewegung gesetzt, an einer langen Kette hin und her schwang. Das regte ihn zum Nachdenken an. Er wollte ergründen, welche Rolle die Masse bei einem solchen Pendel spielt. Auch mußte es einen Zusammenhang zwischen der Pendellänge und der Schwingungsdauer geben. Aber welchen?

Bei seinen ersten Versuchen benutzte Galilei den eigenen Pulsschlag als Zeitmesser. Später, nachdem er sich der Mathematik und der Physik zugewandt hatte, bediente er sich, wie bei seinen Fallexperimenten, einer Wasseruhr. Dabei stellte sich heraus, daß die Masse keinerlei Einfluß auf die Schwingungszeit hat, daß ein schweres Pendel im gleichen Rhythmus schwingt wie ein leichtes, gleich langes. Auch zeigte sich, daß die Zeit für einen Hin- und Hergang unverändert bleibt, selbst dann, wenn vor „Ermüdung" bald der Stillstand eintritt. So, wie die Wege kürzer werden, verringert sich auch die Geschwindigkeit, so daß sich an der Schwingungsdauer nichts ändert.

Hingegen erwiesen die Experimente, daß die Länge eines Pendels von entscheidender Bedeutung ist. Je kürzer, desto schneller schwingt es. Wieder faßte Galilei die Gesetzmäßigkeiten in Zahlen. In den folgenden Beispielen steht oben jeweils die Zeit für eine Schwingung und darunter, wie lang ein Pendel sein muß, wenn ein Hin- und Hergang diese Dauer haben soll:

1 s	2 s	3 s	4 s	5 s	6 s	7 s
0,25 m	1 m	2,25 m	4 m	6,25 m	9 m	12,25 m

Es zeigen sich die gleichen Zusammenhänge wie bei den Fallversuchen. Stehen die Zeiten im Verhältnis 1:2:3:4:5:6:7, dann gelten

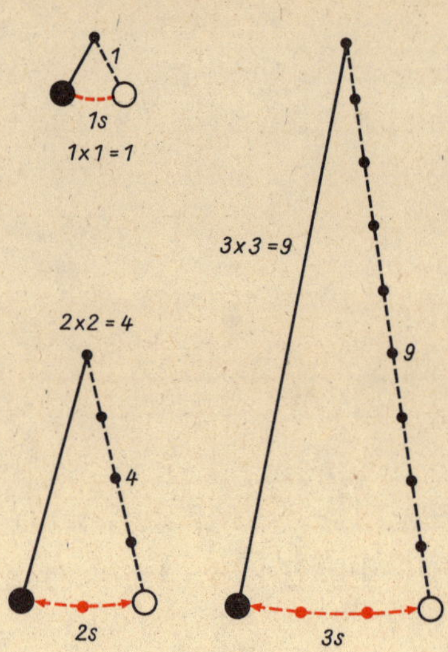

für die Pendellängen die Proportionen $1:2^2:3^2:4^2$ ... Demnach müßte ein Pendel, das in 10 Sekunden nur eine Schwingung ausführen soll, eine Länge von $10^2 \cdot 0{,}25$ m = 25 m haben.

Die Schwingungsdauer errechnet sich nach der Formel

$$t = 2\pi \cdot \sqrt{\frac{l}{g}}$$

mit den Symbolen t für die Zeit, l für die Pendellänge und g für die Schwerebeschleunigung, die nicht überall auf der Erde genau gleich groß ist.

„De revolutionibus“

Mit dem Flug Juri Gagarins begann am 12. April 1961 die bemannte Weltraumfahrt. Wäre der Mensch schon zur Zeit der ersten Weltumsegelung imstande gewesen, Raumschiffe zu bauen – er hätte damit nichts anfangen können, denn er kannte die Gesetze des Himmels, die man dem Raumflug zugrunde legen muß, noch nicht. Bis 1543 glaubte er gar, die Erde stände still und die anderen Himmelskörper, auch die Sonne, würden sie umkreisen. Diese Vorstellung bezeichnet man als geozentrisches Weltbild. („Gäa“ bedeutet im Griechischen „Erde“.)

Was jahrhundertelang als richtig gegolten hatte, erklärte der polnische Gelehrte Nicolaus Copernicus (1473 bis 1543), einer der gei-

Nicolaus Copernicus

stigen Riesen der Menschheit, für falsch. „Er hielt die Sonne an und setzte die Erde in Bewegung“, sagt man, um sein Hauptverdienst zu würdigen. In einem weltberühmt gewordenen Buch, das er „De revolutionibus“ („Über die Umdrehungen“, häufig auch „Über die Umläufe“ benannt) betitelt hatte, stellte Copernicus dar, daß unser Planet die Sonne umrundet und sich außerdem noch um die eigene Achse dreht (wodurch die Jahres- bzw. die Tageszeiten entstehen). Damit begründete er das heliozentrische Weltbild. („Helios“ bedeutet im Griechischen „Sonne“).

Von dieser Erkenntnis wollte die römische Kirche, die damals Macht über den größten Teil Europas hatte, nichts wissen. Sie hielt am Alten fest und bekämpfte das Neue mit allen Mitteln, die ihr zu Gebote standen. Den Begründer des Umdenkens konnte sie jedoch nicht mehr belangen, denn Copernicus starb an dem Tag, an dem er das erste Exemplar seines unsterblichen Werkes erhielt.

Um so mehr mußte Galileo Galilei, da er in Wort und Schrift das kopernikanische Weltbild verteidigte und verbreitete, unter den Verfolgungen leiden. In einem Prozeß (1633) zwang ihn die Inquisition, das höchste Gericht der römisch-katholischen Kirche, die Wahrheit zu verleugnen und eine Formel nachzusprechen, die besagte, daß das alte geozentrische Weltbild das richtige sei. Obwohl er, wenn auch nur widerwillig, dieses Verlangen erfüllte, wurde Galilei fortan bis zu seinem Tod in Gefangenschaft gehalten – in seinem eigenen Haus, streng bewacht von Inquisitionsleuten.

Auf die Dauer ließen sich jedoch die Gesetze des Himmels und der Erde weder verdrehen noch verbergen. Astronomen und Mathematiker deckten sie Zug um Zug auf. So hatte Tycho Brahe (1546 bis 1601), ein Däne, der zum Ende seines Lebens als „kaiserlicher Mathematiker“ in Prag wirkte, an die 20 Jahre lang den nächtlichen Himmel beobachtet, um dem Geheimnis der Planetenbahnen auf die Spur zu kommen. Bei seinem Tod hinterließ er einen Stapel von Aufzeichnungen darüber, insbesondere über die Bewegungen des Mars. Diese Daten und Skizzen übernahm sein Nachfolger im Amt des Hofmathematikers, der Deutsche Johannes Kepler (1571 bis 1630).

Er durchforschte sie wieder und wieder nach Gesetzmäßigkeiten, die sich in mathematischer Form darstellen ließen. Nach jahrelanger, mühevoller Arbeit war er am Ziel. Dem Kaiser teilte Kepler seinen Erfolg in scherzhafter Form mit. Er schrieb, daß er den Bösewicht Mars als Gefangenen vorführen könne. Lange genug habe der sein Unwesen getrieben und das „Geheimnis seiner Herrschaft durch alle vergangenen Jahrhunderte sicher verwahrt gehalten". Nunmehr sei der Friedensstörer (der nach dem Kriegsgott der alten Römer benannt wurde und dessen Bahn man für unberechenbar hielt) endgültig „in die Ketten der Rechnung geschlagen."

Keplers Entdeckungen zeigten, daß auch Copernicus die himmlischen Bewegungen noch nicht vollständig erkannt hatte. Der große Astronom war nämlich der Meinung, die Planeten, zum Beispiel die Erde, beschrieben Kreise um die Sonne. Diese Form galt von alters her als die vollkommenste und einer „göttlichen Schöpfung" angemessenste. Nachdem das geozentrische Weltbild als falsch erkannt worden war, widerlegte die Mathematik nun auch die Vorstellung von den Kreisbahnen.

Berechnete Bewegungen

Fast schien es, als ob sich der Mars der mathematischen Entschleierung entziehen könnte. Am Ende aber siegte Keplers Zähigkeit. Seine Zahlen wiesen exakt nach, daß Planetenbahnen ellipsenförmig sind und daß sich die Sonne nicht in der Mitte, sondern in einem der beiden Brennpunkte der Ellipse befindet. Seither wissen wir, daß sich der Abstand zwischen der Erde und ihrer Lebensspenderin einmal vergrößert, einmal verkleinert. Er schwankt um 5 Millionen Kilometer und beträgt im Mittel etwa 150 Millionen Kilometer. Am nächsten sind wir unserem Stern im (Nord-)Winter, wenn auf der südlichen Halbkugel der Sommer eingezogen ist.

In einem zweiten Gesetz legte Kepler dar, daß ein Planet in gleichen Zeiten – zum Beispiel in jeweils 30 Tagen – unterschiedliche Wege zurücklegt, in Sonnennähe längere, in Sonnenferne kürzere. Entsprechend ändert sich seine Geschwindigkeit. Zum Beispiel legt die Erde auf ihrer Bahn um die Sonne in 1 Sekunde durchschnittlich 29,8 Kilometer zurück. Im Winter mehr, im Sommer weniger. Darum ist unsere kälteste Jahreszeit um knapp 5 Tage kürzer als die wärmste. Kepler konnte zu diesen Bewegungen eine Gleichung finden: Wenn man die in der Länge verschiedenen, aber in der gleichen Zeit durcheilten Strecken geradlinig mit der Sonne verbinden würde, ergäben sich lauter gleich große Flächen (in der Zeichnung: $A_1 = A_2$).

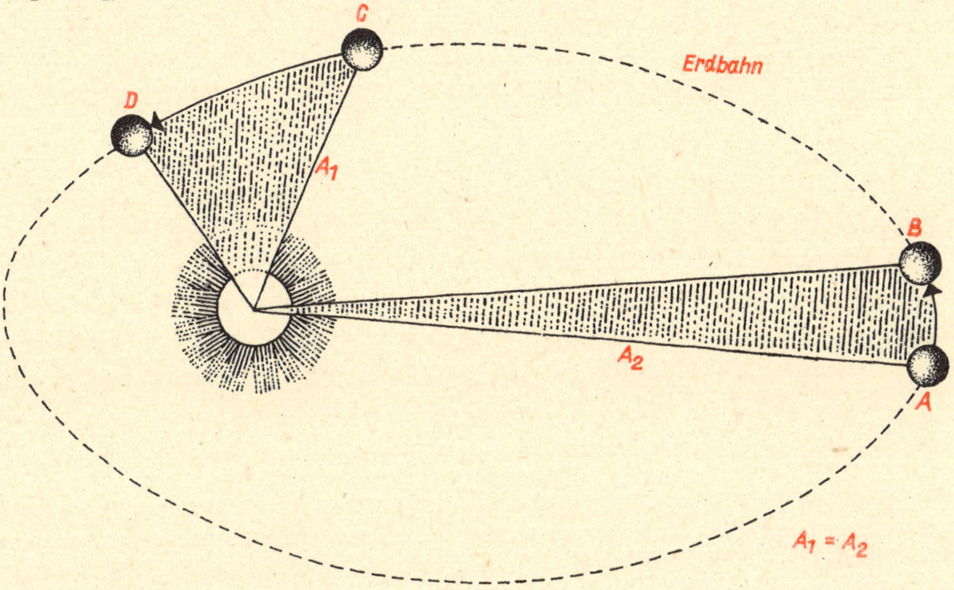

Die Erdbahn – eine Ellipse (im Bild stark übertrieben). Von A nach B bewegt sich unser Planet in der gleichen Zeit wie von C nach D.

Später entdeckte der Forscher noch eine dritte Gesetzmäßigkeit. In Worten ausgedrückt, lautet sie: Die dritten Potenzen der mittleren Sonnenabstände zweier Planeten (a_1^3 und a_2^3) verhalten sich zueinander genauso wie die Quadrate der zugehörigen Umlaufzeiten (t_1^2 und t_2^2). Mathematisch formuliert, nimmt sich der Sachverhalt bedeutend einfacher aus:

$$a_1^3 : a_2^3 = t_1^2 : t_2^2.$$

Angewandt, um das menschliche Wissen zu erweitern, wurde dieses Gesetz des öfteren. Unter anderem 1930. Damals entdeckte ein amerikanischer Astronom den neunten und (bis jetzt) letzten Planeten unsres Sonnensystems, den Pluto (nach dem griechischen Gott der Unterwelt). Es konnte gemessen und errechnet werden, daß er rund 40mal so weit von der Sonne entfernt ist wie die Erde. Gleichzeitig wurde seine Umlaufzeit ermittelt. Dank Kepler konnte man weit in die Zukunft „blicken".

In die angeführte Formel brauchen nur die entsprechenden Zahlen eingesetzt zu werden. Dabei bedeuten a_1 den mittleren Sonnenabstand der Erde – vergleichsweise 1 –, a_2 den des Pluto sowie t_1 und $t_2 = x$ die jeweiligen Umlaufzeiten. Somit ergibt sich:

$$1^3 : 40^3 = 1^2 : x^2$$
$$1 : 64\,000 = 1 : x^2$$
$$64\,000 = x^2$$
$$x = \sqrt{64\,000}$$
$$x \approx 250$$

In Nachschlagewerken sind für die Umlaufzeit des sonnenfernsten Planeten 247,7 Jahre angegeben. Zum einen ist unsere Rechnung gerundet, zum anderen verursachen Störungen, die von der Anziehungskraft benachbarter Körper ausgehen, kleine Abweichungen von den errechneten Werten.

In den Kosmos

Während Kepler zeigte, *wie* sich die Erde und ihre Planetengeschwister bewegen, erklärte Newton, *warum* die Bewegungen so verlaufen: wegen der Anziehungskräfte. Einige Generationen später ging der Mensch einen bedeutsamen Schritt weiter. Er befaßte sich, zunächst nur auf dem Papier, mit der Anwendung dieser Gesetze. Das heißt, ihm kam der kühne Gedanke, von Menschenhand geschaffene Monde fliegen zu lassen. Die Produktivkräfte konnten solche Pläne noch längst nicht verwirklichen, aber die Wissenschaft eilte ihrer Zeit voraus. Auch die Mathematik.

Schon um 1900, als noch nicht einmal das erste Motorflugzeug aufgestiegen war, wurden Weltraumflüge rechnerisch vorbereitet. Dabei ging es vorerst um die Überwindung der Erdanziehungskraft, die alles, selbst Artilleriegeschosse, an unseren Planeten bindet.

Jahrtausendelang konnte nichts diese unsichtbare Fessel sprengen. Sie zerreißt erst bei einer Geschwindigkeit von rund 28 000 km/h. So schnell muß ein Transportmittel fliegen, das einen künstlichen Himmelskörper von der Erde emporheben und auf eine Umlaufbahn bringen soll.

An Gleichungen für derartige, anfangs nur gedachte Raketen arbeitete Konstantin Eduardowitsch Ziolkowski (1857 bis 1935), ein Mathematik- und Physiklehrer aus Kaluga in der Nähe von Moskau. Er stellte eine wichtige Formel auf, die man später die „Grundgleichung der Rakete" nannte. In der mathematischen Zeichensprache, die natürlich der Erklärung bedarf, lautet sie:

$$v_B = v_G \cdot \ln z,$$

wobei v_B die Geschwindigkeit einer Rakete bei Brennschluß – wenn der Treibstoff verbraucht ist – bedeutet und v_G die der ausströmenden Gase, während ln einen besonderen Logarithmus symbolisiert und z (nach Ziolkowski) eine Verhältniszahl.

Man erhält z, indem man die Masse der vollgetankten Rakete (m_1) durch die der leergebrannten (m_2) dividiert. Auf einen Pkw bezogen, wäre zum Beispiel zu rechnen:

$$z = 1\,025 \text{ kg} : 1\,000 \text{ kg} = 1{,}025.$$

Hingegen kann der Quotient $m_1 : m_2$ bei modernen Raketen Werte von 9 bis 10 erreichen. Mit Treibstoff sind sie also 9- bis 10mal so schwer wie ohne! In der Formel ist z durch seinen natürlichen Logarithmus, eine Zahl, auf die wir noch zurückkommen, auszudrükken. Für 9 ist ln gleich 2,1972 und für 10 gleich 2,3026.

Nehmen wir an, das Massenverhältnis z einer Rakete sei 9 und die Verbrennungsgase strömten mit einer Geschwindigkeit von 4 000 m/s aus. Die Endgeschwindigkeit wäre dann theoretisch

$$v_B = 4\,000 \text{ m/s} \cdot 2{,}1972 = 8\,788{,}8 \text{ m/s} \approx 31\,640 \text{ km/h}.$$

In Wirklichkeit würde sie wegen der Erdanziehungskraft und des Luftwiderstands, die in der Formel nicht berücksichtigt sind, etwas darunter liegen.

Reichlich 50 Jahre nach der Aufstellung jener Grundgleichung, am 4. Oktober 1957, beförderte eine mächtige Trägerrakete den ersten künstlichen Himmelskörper, Sputnik 1, auf seine Bahn um die Erde. Heute umlaufen viele solcher Satelliten unseren Planeten, und zwar in der gleichen Weise wie der Mond – in elliptischen Bahnen, wie sie Kepler erforscht und errechnet hatte.

Zwei Kilometer Draht

Raumschiffe im Kosmos wären ohne Verbindung zur Erde undenkbar. Abwechselnd arbeiten die künstlichen Satelliten und ihre irdischen Flugleitzentren als Sender und Empfänger, so daß eine zweiseitige Verständigung besteht. So weiß man „unten“, was „oben“ vor sich geht. Und umgekehrt.

Begonnen hat die Ausnutzung der Elektrizität, genauer gesagt des Elektromagnetismus, zur Nachrichtenübermittlung im April 1833. Damals brauchte man dazu noch unbedingt einen Draht. Er spannte sich über knapp 2 km quer durch die Stadt Göttingen. An Stelle von Worten oder „Piepstönen“ konnten nur Stromstöße gesendet werden, die einen Magnetstab am Ende der Leitung verschieden stark ausschlagen ließen. Da einem bestimmten Ausschlag ein bestimmter Buchstabe zugeordnet worden war, konnten die Bewegungen „übersetzt“ werden. So ging durch diesen Draht das erste Telegramm der Weltgeschichte. Es lautete: „Michelmann kommt“. (M. arbeitete als Mechaniker an der Universität Göttingen und hatte geholfen, den Draht zu verlegen.)

Absender und Empfänger der Mitteilung waren die Erfinder dieser ersten elektromagnetischen Fernverbindung: der Physiker Wilhelm Weber (1804 bis 1891) und ein Wissenschaftler, der uns hier zum wiederholten Male begegnet – Carl Friedrich Gauß. Bisher würdigten wir ihn als Mathematiker und Astronomen. Jetzt muß dem hinzugefügt werden, daß er auch auf dem Gebiet der Physik bedeutende Leistungen vollbrachte.

Geboren 1777 in Braunschweig, erlebte Gauß in den zwanziger und dreißiger Jahren des 19. Jahrhunderts eine Zeit, in der sich die Industrie schnell entwickelte und verbreitete. Einher ging diese

Carl Friedrich Gauß

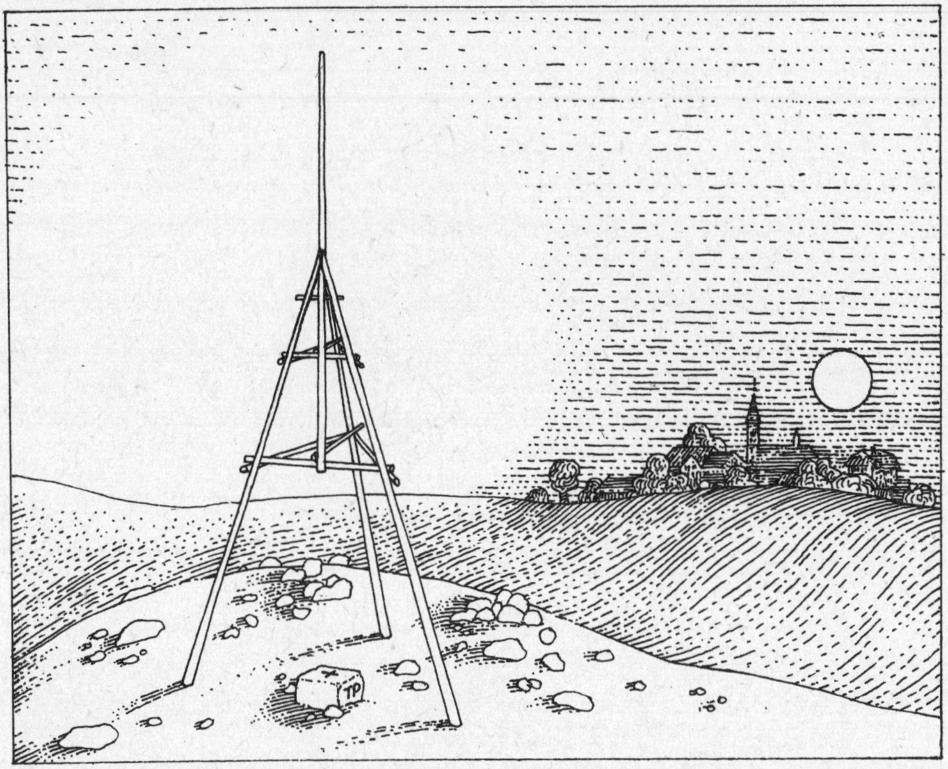

Eckpunkt eines Dreiecks zur Landvermessung (TP = trigonometrischer Punkt)

„industrielle Revolution" mit einem stürmischen Aufschwung der Naturwissenschaften. Mehr denn je galt es, im Buch der Natur zu lesen, das, laut Galilei, voll Mathematik steckt. So wandte sich auch der „Fürst der Mathematiker" in vielfältiger Weise dieser unerschöpflichen „Aufgabensammlung" zu. Er berechnete Bahnen von Himmelskörpern, nahm Landvermessungen vor, erforschte den Erdmagnetismus und erfand zusammen mit Weber, wie schon erwähnt, die elektromagnetische Telegraphie (tele = fern, graphein = schreiben).

Großes Interesse bekundete der Gelehrte auch dem sich entwikkelnden Eisenbahnwesen.

Gauß starb 1855 in Göttingen, wo er viele Jahre an der Universität gelehrt und die Sternwarte geleitet hatte. Sein universelles (sich mit vielen Gebieten befassendes) Werk, das vor allem in die Höhere Mathematik hinaufreicht, konnte hier nur angedeutet werden.

Über sieben Brücken

Genauso vielseitig wie Gauß und höchst produktiv war Leonhard Euler (geboren 1707 in Basel, gestorben 1783 in Sankt Petersburg, dem heutigen Leningrad). Zu seinen Lebzeiten erschienen von ihm über 500 Bücher und Abhandlungen. Nach seinem Tod kamen, da er sehr viele Manuskripte hinterließ, noch Hunderte hinzu. Viele seiner Arbeiten hatte er aus dem Gedächtnis diktieren müssen, weil er schon mit 59 Jahren erblindet war. Unter seinen Schriften befinden sich bedeutende mathematische Lehrbücher (meist mit lateinischen Titeln), ebenso Werke über astronomische und physikalische Probleme, sogar über den Schiffbau und die Artillerie. Für seine überragenden Leistungen erhielt er zehnmal den Preis der Pariser Akademie der Wissenschaften. „Lest Euler, er ist unser aller Meister!“ schärfte später ein bekannter französischer Mathematiker seinen Schülern ein. Und Gauß schrieb, das Studium der Eulerschen Schriften sei die beste Schule in den verschiedenen Gebieten der Mathematik.

Zu Ehren des größten Mathematikers des 18. Jahrhunderts wurde ein kleingeschriebenes e – der Anfangsbuchstabe seines Namens – in die Mathematik eingeführt. Es ist ein Symbol für eine bedeutungsvolle Zahl. Sie findet sich auf Rechenstäben und in Tafelwerken. Wir haben „e“ hier „insgeheim“ schon einmal verwendet – bei der sogenannten Grundgleichung der Rakete. Dort steht, daß der natürliche Logarithmus für die Zahl 9 den Wert 2,1972 habe. Das bedeutet:

$$e^{2,1972} = 9 \text{ bzw. } 2,1972 = \log_e 9.$$

Also ist „e“ die Basis der natürlichen Logarithmen. Sie spielen in der Technik eine große Rolle, nicht nur bei Raketenberechnungen.

Um das Symbol in eine Zahl zu überführen, muß man rechnen:

$$e = 1 + \frac{1}{1} + \frac{1}{1 \cdot 2} + \frac{1}{1 \cdot 2 \cdot 3} + \frac{1}{1 \cdot 2 \cdot 3 \cdot 4} + \ldots$$

Je mehr Summanden man addiert, desto näher kommt man an

$$e = 2,71828\ldots.$$

Es ergibt sich ein nichtperiodischer unendlicher Dezimalbruch, eine irrationale Zahl. Tausende Stellen nach dem Komma sind bereits errechnet worden. Noch ein Vergleich: Statt $100 = 10^2$, wie die

Darstellung in der Schule üblich ist, heißt es unter Verwendung von e:

$$100 = 2{,}718\ldots^{4{,}6052},$$

was man aus Tafeln entnimmt.

Unserem Verständnis leichter zugänglich als der Umgang mit der Eulerschen Zahl ist ein Satz des genialen Mathematikers über Polyeder (Vielflächner). Er bringt die Anzahl der Ecken (E), Flächen (F) und Kanten (K) in Beziehung zueinander. Die Gleichung lautet:

$$E + F - K = 2.$$

Auf einen Würfel bezogen, läßt sich diese Formel leicht nachprüfen:

$$8 + 6 - 12 = 2.$$

Wie bezieht man sie auf einen Körper, der von 8 Dreiecken begrenzt wird – ein Oktaeder?[20]

Selbst beim Spazierengehen entwickelte Euler Probleme. In Königsberg, dem heutigen Kaliningrad, wo er eine Zeitlang lebte, pflegte er des öfteren den Pregel, einen Fluß, der sich dort in zwei Arme teilt, zu überqueren. Sieben Brücken, wovon fünf auf eine Insel führten, verbanden die Ufer. Seine Wanderungen hinüber und herüber regten den großen Denker zu einer kleinen geometrischen Überlegung an. Er fragte sich, ob man wohl all die Brücken

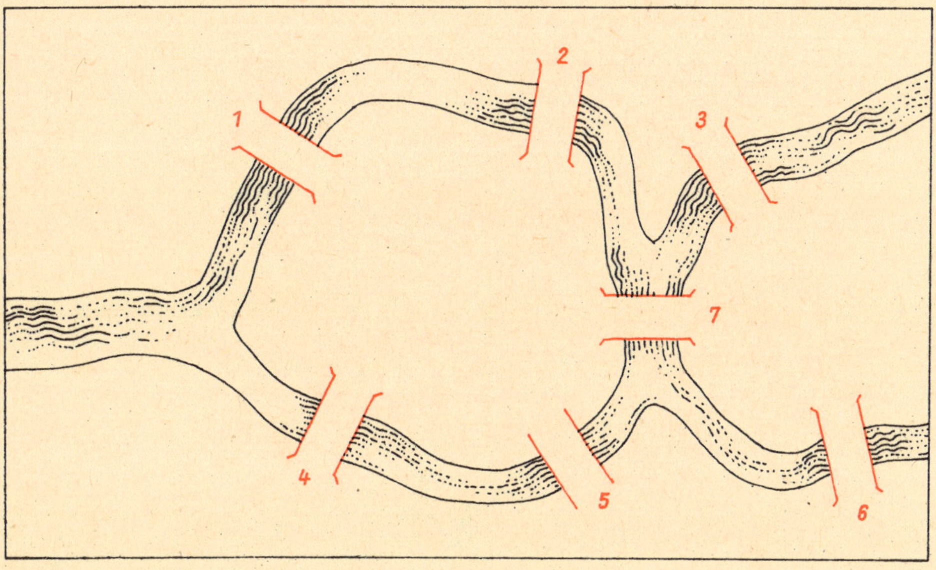

Über sieben Brücken in einem Zug?

in einem Zug überschreiten könne, das heißt, ohne eine auszulassen oder eine mehrmals zu betreten. Mit Hilfe der Zeichnung läßt sich die Lösung finden. Zu welchem Ergebnis kommt man?[21]

Aus drei Dimensionen mach zwei!

Gegen Ende des 18. Jahrhunderts bildete sich in Europa ein neues Zentrum der Mathematik und der Naturwissenschaften. Es erlangte zwar nicht die Bedeutung von Alexandria und Bagdad, wo für sehr lange Zeit die Entwicklung bestimmt wurde, aber während einiger Jahrzehnte war diese Einrichtung tonangebend: die „Polytechnische Schule" in Paris. 1794 gegründet, wurde sie zum Vorbild für viele Technische Hochschulen in Europa. Sie entstand nicht zufällig, sondern in der Folge der französischen bürgerlichen Revolution (1789/1794), die viele Fesseln sprengte, die den Wissenschaften in der Zeit der Adelsherrschaft und der Leibeigenschaft angelegt worden waren. Berühmte Lehrer wirkten an der neuen Bildungsstätte. Ihre Namen und die Ergebnisse ihrer Arbeit gingen in die Geschichte der Mathematik, der Physik und der Chemie ein.

Einer dieser bedeutenden Männer war Gaspard Monge (sprich etwa Gaspar Mongsch), der von 1746 bis 1818 lebte. Er führte ein mathematisches Teilgebiet, an dem heute kein Schüler vorbeigehen kann, als zusammenhängenden Lehrstoff in seine Unterweisungen ein: die darstellende Geometrie. Sie, deren Ansätze in der Geschichte weit zurückreichen, baute er zu einem Brückenpfeiler zwischen der Mathematik und dem gesellschaftlichen Leben aus. Es sei, so sagte er, die „Sprache", die jeder Ingenieur beherrschen

Gaspard Monge

müsse. Und Monge lehrte die neue Disziplin (wissenschaftliche Fachrichtung) in engster Verbindung zur Praxis, zum Beispiel zum Bau von Festungen und Bergwerken, zur Errichtung von Bögen und Gewölben und zur Konstruktion von Maschinenteilen. Derartige Anforderungen an die Mathematik stellte die beginnende und sich schnell ausbreitende Industrialisierung.

Es mußten also drei Dimensionen (Ausdehnungen; nämlich Länge, Breite und Höhe bzw. Tiefe) auf zwei zurückgeführt werden, denn mehr gibt ein Zeichenblatt nicht her. Mit anderen Worten: Körper waren flächenhaft abzubilden. Wer heute aufzeigen will, wie etwa ein anzufertigendes Möbelstück aussehen soll, richtet sich in der Regel nach Monge: Er zeichnet Grund- und Aufriß, das heißt die Ansicht von oben und von vorn (bzw. von der Seite). Das erfordert natürlich, daß der „Empfänger" die Zeichnung lesen kann. Auch das will geübt sein.

Wenn nur ein einziger Riß vorliegt und erläuternde Angaben fehlen, sind die Abbildungen mehrdeutig. Mit etwas Phantasie kann man sich dieses oder jenes darunter vorstellen, so bei den hier gegebenen Grundrißdarstellungen einen Mexikaner auf dem Fahrrad, eine Kaffeetasse mit Untertasse und einen gespitzten Bleistift. Keiner großen Vorstellungskraft bedarf hingegen das in Grund- und Aufriß gezeichnete Siegerpodest. Dieses Treppchen ist außerdem noch als Schrägbild, in Kavalierperspektive, abgebildet, wobei die in die Tiefe (nach dem Hintergrund) laufenden Kanten auf die halbe Länge verkürzt und um 45° geneigt sind. Die Bezeichnung rührt vom Festungsbau her. Unter Kavalieren verstand man früher – um 1600 – Ritter. Anscheinend wurde dieser Ausdruck später auch auf Teile von Festungen übertragen.

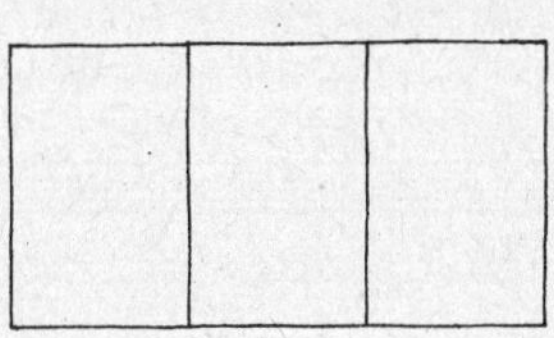

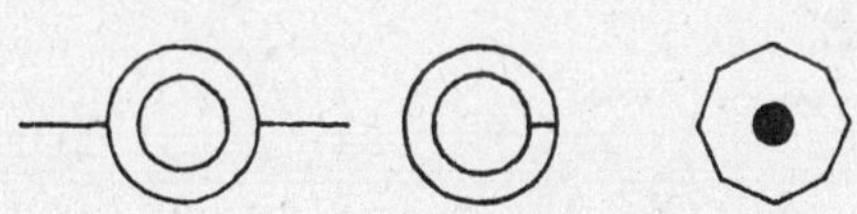

Was ist was?

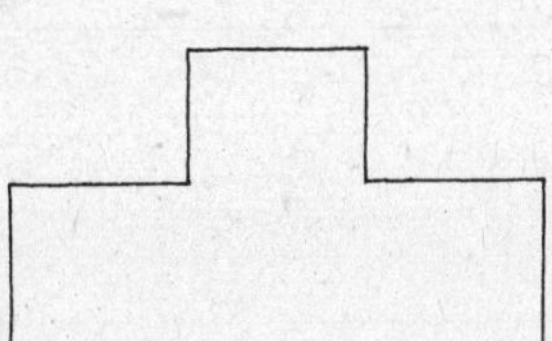

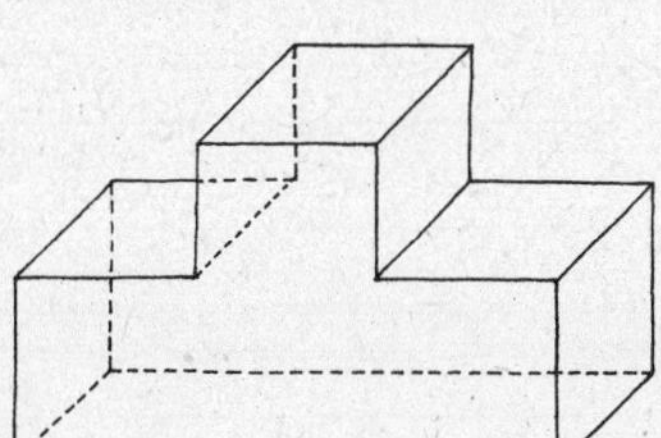

X ZWINGT YPSILON

Wie Schwejk die Ärzte „prüfte“

Schon im Altertum wußte man, daß es in der Mathematik viele eindeutige Zusammenhänge gibt, daß oft eine Zahl einer anderen einen bestimmten Wert vorschreibt. Das zeigte sich sehr anschaulich in der Praxis. Mit Sicherheit hätten die Wagner (Stellmacher), die vor Jahrtausenden die ersten Fahrzeuge bauten, eine Beziehung zwischen Raddurchmesser und -umfang angeben können: die zweite Größe hängt von der ersten ab. Ob groß oder klein – das Verhältnis zwischen beiden bleibt stets dasselbe. Archimedes errechnete es auf das genaueste, so daß er imstande gewesen wäre, Zahlenpaare wie die folgenden zu bilden:

Raddurchmesser (in cm)	10	100	200
Rollstrecke pro Umdrehung (in cm)	31,4	314	628

Solche Zuordnungen begegnen uns auf Schritt und Tritt, am häufigsten vielleicht beim Einkaufen. Wem müßte da erst des langen und breiten erklärt werden, daß der Preis einer Ware von deren Menge abhängt. Auch in der Wohnung finden sich Abhängigkeiten. So ist der Flächeninhalt eines quadratischen Zimmers allein durch die Länge einer Seite festgelegt, während bei Rechteckformen zwei Größen über die Fläche entscheiden. Sind wir es nicht längst gewohnt, in solchen, wie die Mathematiker sagen, funktionalen Zusammenhängen zu denken? Wem fiele es wohl ein, aus der Tiefe des Roten Meeres auf die Anzahl der Kamele in den angrenzenden Ländern zu schließen? Nur einem Schelm.

Der brave Soldat Schwejk war einer. Ihm, einem Tschechen, behagte es nicht, dem österreichischen Kaiser dienen und für ihn die Kastanien aus dem Feuer holen zu müssen. So spielte er, schlau, wie er war, den Dummen. Und am geeignetsten dafür erschien ihm die Mathematik, und zwar das Gebiet der Funktionen (Abhängigkeiten, besser Zuordnungen).

Nachdem ihm eine Ärztekommission, die seinen Geisteszustand untersuchen sollte, allerhand Aufgaben gestellt hatte, drehte Schwejk den Spieß um und „prüfte“ die Mediziner: „... aber ich selbst möcht’ Ihnen, meine Herren, auch ein Rätsel aufgeben: Es

„Ich selbst möcht' Ihnen, meine Herren, auch ein Rätsel aufgeben."

ist ein dreistöckiges Haus, in diesem Haus sind in jedem Stock acht Fenster. Auf dem Dach sind zwei Giebel und zwei Kamine. In jedem Stock sind zwei Mieter. Und jetzt sagen Sie mir, meine Herrn, wie alt ist dem Hausmeister seine Großmutter geworden?"

Nach dieser „Frage" war die Kommission von Schwejks Unzurechnungsfähigkeit endgültig überzeugt. Die Ärzte nannten ihn einen „notorischen Blödian". Allerdings hat es diesen braven Soldaten nie gegeben. Er wurde von dem tschechischen Schriftsteller Jaroslav Hašek erfunden.

Wahr ist, daß funktionale Zusammenhänge in unserem Leben eine wichtige Rolle spielen. Undenkbar, daß man sich darin ganz und gar nicht auskennt und im Ernst auf den Spuren Schwejks wandelt.

Wenn die Rechnung funktionieren soll

„Kurz und prägnant" nannten wir die Sprache der Mathematik. Will man ausdrücken, daß der Umfang eines Kreises allein von dessen Durchmesser abhängt, so schreibt man:

$u = f(d)$ – (lies: „u ist f von d").

Entsprechend stellt man den Zusammenhang zwischen dem Flächeninhalt und der Seitenlänge eines Quadrats dar: $A = f(a)$. Hingegen ist, auf ein Rechteck bezogen, aus der Schreibweise

A = f(a, b) zu ersehen, daß hier zwei Größen auf den Flächeninhalt führen, nämlich Länge und Breite.

Nicht zufällig wählte man für solche Zuordnungen das Symbol f. Gottfried Wilhelm Leibniz führte, wenngleich er dafür noch kein Zeichen prägte, den Begriff der Funktion in die Mathematik ein.

Wer im gesellschaftlichen Leben eine Funktion bekleidet, hat bestimmte Aufgaben zu lösen, Verpflichtungen zu erfüllen, Entscheidungen zu treffen. Ähnlich in der Mathematik: Zur Funktion einer Quadrat*seite* gehört es, den Inhalt der Quadrat*fläche* festzulegen. Oder in der Physik: Über den zurückgelegten Weg entscheidet (bei gleichbleibender Geschwindigkeit) die „verbrauchte" Zeit (siehe unten). Nur so funktionieren die Berechnungen, während in der „Aufgabe", die der brave Soldat Schwejk stellte, nichts zusammenpaßt.

Die Bezeichnung f und die Verwendung der Klammern gehen auf Leonhard Euler zurück. Er verallgemeinerte:

$$y = f(x).$$

Das bedeutet: Aus irgendeiner vorgegebenen Größe x ergibt sich der Wert von y. Kürzer: y ist eine Funktion von x.

Besonders deutlich wird der Zusammenhang an Hand einer Tabelle. Im folgenden sind – für ein Kraftfahrzeug bei einer Geschwindigkeit von 90 km/h – einige Zeiten (in Minuten) und Wege (in Kilometern) einander zugeordnet:

t = x	1	2	3	4	5	6
s = y = f(x)	1,5	3	4,5	6	7,5	9

Was hier zusammengehört, ist jeweils ein „geordnetes Paar". So, wie man mit dem linken Fuß nicht in den rechten Schuh fahren kann, darf man die Reihenfolge innerhalb dieser Paare nicht durcheinanderbringen. Jedes Element muß auf seiner Reihe verbleiben. Sonst gerät die Funktion so in Unordnung, daß nichts mehr funktioniert.

Außerhalb von Tabellen ordnet man zusammengehörige Elemente nebeneinander an, und zwar zuerst stets den Wert für x, an zweiter Stelle den für y. Das ganze Paar wird in Klammern eingeschlossen, zum Beispiel (1; 1,5), (2; 3) usw.

Wenn jedes x genau über ein y gebietet, dann ist eine Menge geordneter Paare eine Funktion. In der symbolischen Sprache der

Mathematik läßt sich das (neben $y = f(x)$) am klarsten so ausdrükken:

$$x \rightarrow y = f(x).$$

Das heißt, in Worte „zurückübersetzt“: Dem Element x wird durch die Funktion f das Element y zugeordnet.

Ein Paar – ein Punkt

Mathematiker wie der Franzose René Descartes (gesprochen Dekart), der sich auch als Philosoph und Physiker einen Namen machte (1596 bis 1650), sowie Newton und Leibniz entwickelten für die Zuordnung von Zahlen ein sehr anschauliches Verfahren: die Darstellung als Diagramm (Schaubild). Man zeichnet, wie es

René Descartes

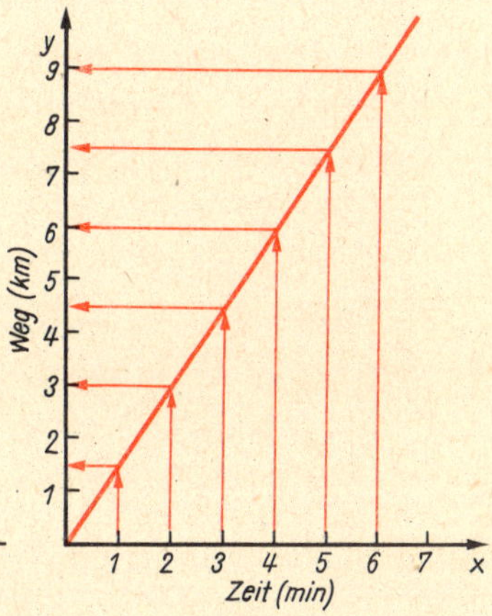

Zeit – Weg – Diagramm

die Abbildung zeigt, für ein geordnetes Paar jeweils einen Punkt in ein Koordinatensystem (koordinieren = als gleichwertig nebeneinanderstellen). Das gegebene Beispiel enthält die 5 Zahlenpaare (Zeit; Weg) aus dem vorigen Kapitel. Verbindet man die einzelnen Punkte miteinander, erhält man zu dieser Funktion unendlich viele geordnete Paare. Wie die Werte abzulesen sind, erkennt man an den Pfeilen. Wenn, wie hier, alle Punkte auf einer Geraden liegen, dann handelt es sich um eine lineare Funktion.

Dafür zeigen die Abbildungen noch weitere Beispiele. So ist der Preis eines Telegramms von der Anzahl der Wörter abhängig. (Jedoch muß man mindestens, auch bei kürzerem Text, die Gebühr für zehn bezahlen.) Es dürfte nicht schwerfallen, nach der Zeichnung die richtigen Paare (Anzahl der Wörter als unabhängige; Preis als abhängige Variable) zusammenzustellen. Welche Zuordnungen sind an den Pfeilen zu erkennen?[22]

Oft erweist sich, wie in diesem Fall, eine unterschiedliche Teilung der beiden Achsen als vorteilhaft. Wären die Gebühren in Pfennigen angegeben worden, hätten die größeren Zahlen bei den Preisen stehen müssen; mathematisch ausgedrückt: statt auf der Abszissen- auf der Ordinatenachse.

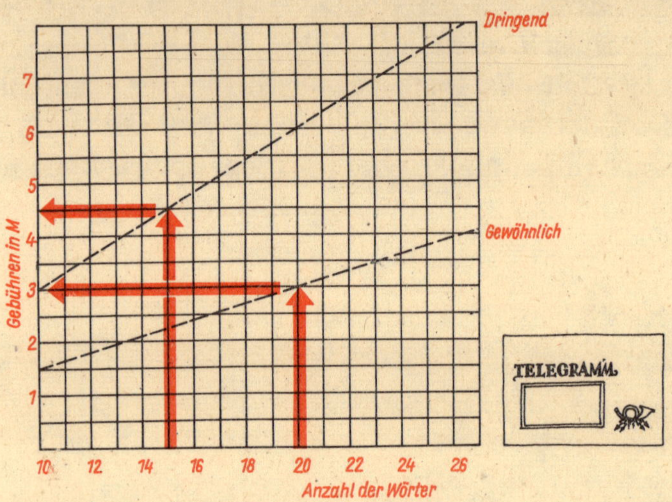

Was kostet ein Telegramm?

Eines war – neben der geradlinigen Verbindung aller Punkte – bisher bei einem Funktionsbeispiel wie bei dem anderen: Je größer x – desto beträchtlicher auch y.

Bei einer brennenden Kerze jedoch kehrt sich dieser Zusammenhang um. Je länger sie leuchtet, desto kürzer wird sie. Dennoch ist

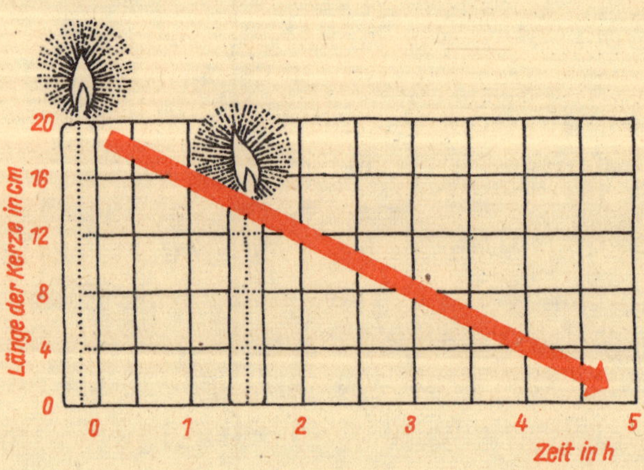

Die Kerzenlänge als Funktion der Zeit

ihre Länge, gleichmäßiges Abbrennen vorausgesetzt, genauso eine Funktion der Zeit wie etwa eine Flugstrecke. Nur die Verbindungsgerade bekommt eine andere Richtung. Sie steigt nicht, sondern sie fällt. Im Diagramm ordnet man die unabhängige Variable, hier also t (die Zeit), der Abszissenachse zu. Symbolisch ließe sich für Kerzenlänge *und* Flugstrecke schreiben:

$l = f(t)$ bzw. $t \rightarrow l = f(t)$.

Nicht sehr gleichmäßig bewegt sich ein 10000-m-Läufer. Bei den 25 Runden, die er im Stadion zurücklegen muß, wechselt er gewöhnlich mehrmals das Tempo. Bald drosselt er es, bald legt er Zwischenspurts ein, am Ende sprintet er gar. Die Zahlenpaare (Zeit; Weg), die sich daraus ergeben, lägen, als Punkte in einem Diagramm dargestellt, nicht auf einer Geraden. Von einer linearen Verbindung zwischen dem ersten Paar (0; 0) und dem letzten etwa (28 min; 10000 m), wichen sie teils nach unten, teils nach oben ab. Einige befänden sich sicherlich genau auf dieser Durchschnittslinie. Wegen dieser Unregelmäßigkeiten kann die Zuordnung s (Weg) = f(t) für den Bereich des Sports nur näherungsweise gelten.

Anders in der Technik. Mit höchster Präzision läuft beispielsweise eine Quarzuhr. Die Wege, die von den Spitzen ihrer Zeiger pro Zeiteinheit zurückgelegt werden, gleichen einander auf das genaueste. Daraus ergibt sich eine lineare Funktion ohne Wenn und Aber.

Ganz und gar nicht so wie in den bisherigen Diagrammen ordnen sich die Punkte an, wenn man geordnete Paare aus Seitenlänge

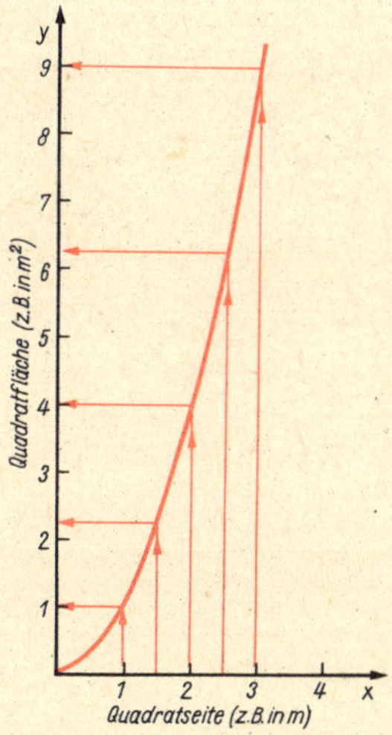

Nicht mit dem Lineal zu zeichnen: der Graph einer quadratischen Funktion

und Flächeninhalt von Quadraten bildet. Unter anderem gehören dazu: 1 m und 1 m^2, 1,5 m und 2,25 m^2, 2 m und 4 m^2, 2,5 m und 6,25 m^2, 3 m und 9 m^2. Das Lineal taugt nicht zu ihrer Verbindung, denn die Darstellung führt zu einer Kurve, die Teil einer Parabel ist. Ihr liegt keine lineare, sondern eine quadratische Funktion zugrunde. Das gleiche Bild hätten auch Galileis Pendelversuche ergeben. Nur war diese Art der Veranschaulichung zu seiner Zeit noch nicht üblich.

Wo Sonne ist, …

Der Sonne als „Hilfsmittel" bei geometrischen Berechnungen bedienten sich die Chinesen bereits vor 3 000 Jahren, indem sie Höhen durch Messen von Schattenlängen ermittelten. In Babylonien und später auch in Ägypten und anderen Ländern wurden zu Schattenmessungen Gnomone aufgestellt. Das waren Stäbe oder Säulen, die ihren Schatten rechtwinklig auf ebenes Gelände warfen.

Gnomon

Der Gnomon gilt als das älteste astronomische Instrument überhaupt und wurde als Sonnenuhr wie als Winkelmeßgerät verwendet. Seine Wirkungsweise beruht allein darauf, daß sich die Länge des Schattens, den er wirft, mit dem Lauf der Sonne verändert. Zum Beispiel zeigt der kürzeste Schatten den Mittag an, während sich der längste frühmorgens oder abends abzeichnet. Aus dem Verhältnis der Stab- zur Schattenlänge kann man die jeweilige Höhe der Sonne bestimmen. Darunter ist der Winkel zu verstehen, den ihre Strahlen mit der Waagerechten einschließen.

Wenn beispielsweise eine 3 m hohe Säule einen 6 m langen Schatten wirft, ergibt sich aus dem Verhältnis 3:6 oder, gekürzt, 1:2 (Quotient 0,5) eine Sonnenhöhe von rund 27°. Auf einen höheren Sonnenstand, nämlich genau 45°, deutet die Proportion 1:1 (Quotient 1) hin, während zu einem Verhältnis von 3:2 (Quotient 1,5) ein Winkel von etwa 56° gehört. Durch maßstäbliche Zeichnungen von rechtwinkligen Dreiecken, gebildet aus Stab, Schatten und Sonnenstrahl, läßt sich das leicht nachprüfen.

Doch schon seit Jahrhunderten – der Anfang geht auf islamische Gelehrte zurück – sind Winkel und Quotienten in Tafeln zu geordneten Paaren zusammengestellt.

Unsere drei oben angeführten Beispiele können daher auch so wiedergegeben werden:

27°	45°	56°
0,5095	1,000	1,483.

Noch viel genauer hatte Ulug Beg, ein vor allem durch seine wissenschaftlichen Leistungen als Astronom und Mathematiker berühmt gewordener Herrscher von Samarkand (vergl. Seite 108), diese Werte errechnet. Er kam (nach unsrer heutigen Schreibweise) bis auf 17 Stellen hinter dem Komma.

Solche geordneten Zahlenpaare (Winkel; Verhältniszahl oder, was dasselbe ist, Quotient) bilden Winkelfunktionen. Von den sechs, die es gibt, wählten wir hier den Tangens (die Tangensfunktion) aus.

Der Name kommt aus dem Lateinischen und ist von dem Verb für „berühren" abgeleitet.

Man kann nämlich die Verhältniszahlen sehr einfach mit Hilfe einer Berührenden, einer Tangente, erhalten. Für Winkel zwischen 0° und 90° genügt es, sie an einen Viertelkreis zu legen (siehe

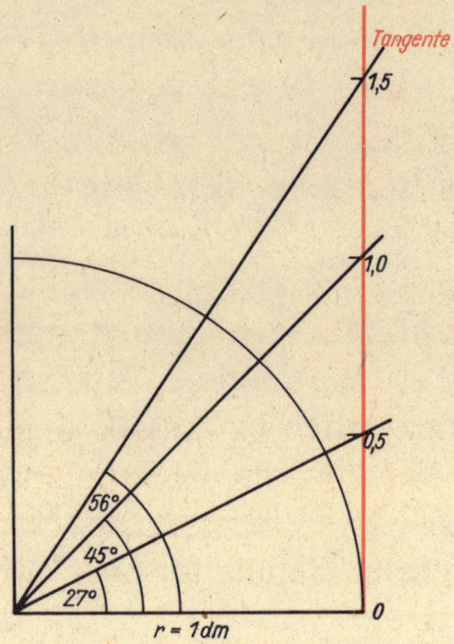

Tangente und Tangens
(Man sieht, daß der
Tangens für 90° nicht existiert)

Zeichnung). Die Schenkel der eingezeichneten Winkel schneiden die Tangente jeweils in 2 Punkten, darunter immer im Punkt 0. Statt der Maßzahlen von Stab- und Schattenlänge dividiert man nun die von Tangentenabschnitt und Radius. Die Division erübrigt sich gar, wenn der Radius beispielsweise 1 dm beträgt. Dann kann man die Funktionswerte – als Maßzahlen der Streckenlänge auf der Tangente – direkt der Zeichnung entnehmen. Für unsere Beispiele ermittelt man:

$\tan$ (Tangens) $27° \approx 0{,}5$
$\tan 45° = 1$
$\tan 56° \approx 1{,}5.$

Das bedeutet: Bei einem Winkel von 27° hat der entsprechende Tangentenabschitt die 0,5fache (das heißt die halbe) Länge des Radius, bei 56° die 1,5fache. Beträgt der Winkel 45°, dann sind Tangentenabschnitt und Radius – bzw. ein Gnomon und sein Schatten – genau gleich lang.

Daß der Tangens von 90° nicht existiert (nicht definiert ist), erkennt man daran, daß sich in diesem Fall auf der Tangente kein zweiter Schnittpunkt ergibt.

Da die Sonne in unseren Breiten Anfang April und Anfang September zu Mittag etwa 45° hoch steht, lassen sich zu der Zeit die ungefähren Höhen von Bäumen, Häusern oder Schornsteinen am leichtesten ermitteln. Man braucht dann nur die Länge ihres Schattens zu messen.

An Straßen und Schienen

Etwas versteckt begegnet uns der Tangens im Verkehrswesen, an Straßen und Eisenbahnlinien. Neben Gleisen finden sich mitunter, von den Reisenden kaum bemerkt, Schilder mit geheimnisvollen Zahlenangaben. Darauf steht zum Beispiel „1:50“ (lies: „1 zu 50“). Der Lokomotivführer entnimmt daraus, daß die Strecke bergan oder bergab zu verlaufen beginnt und daß der Zug eine ziemliche Steigung überwinden bzw. stark abgebremst werden muß. Vor der gleichen Talfahrt würde am Straßenrand ein Verkehrszeichen mit der Inschrift „2 %“ (lies: „2 Prozent“) warnen. Doch das gibt es nicht, weil dieses Gefälle für Straßenfahrzeuge – im Gegensatz zu Eisenbahnzügen – noch keine Gefahr bedeutet. Gewarnt wird hingegen vor 8, 10 oder 12 Prozent. An einem Straßenabschnitt an der Burg Kriebstein in der Nähe von Mittweida beträgt das Gefälle bzw. der Anstieg gar 25 %. Sowohl bergab als auch bergan sind dort zusätzliche Warnungen angebracht. Die Radfahrer werden, da ihr Bremsvermögen nicht ausreicht, zum Absteigen aufgefordert und die Kraftfahrer, in umgekehrter Richtung, zum Einlegen des 1. Gangs, weil der am besten „zieht“.

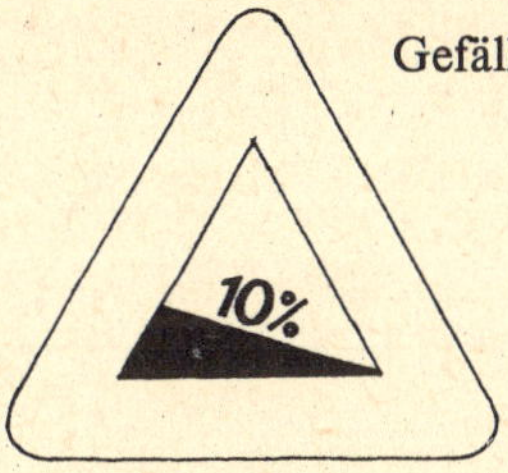

Gefälletafel

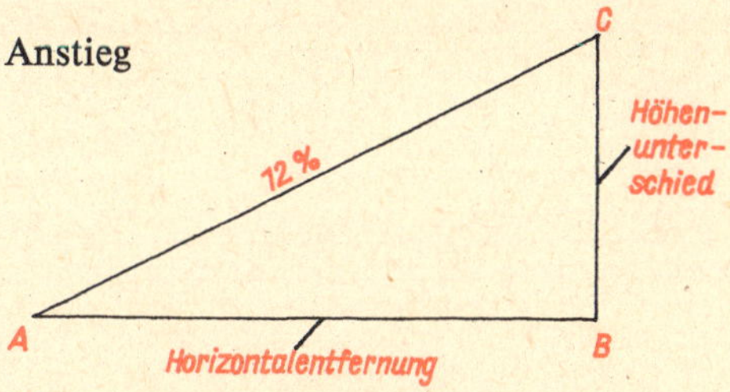

Anstieg

Das Verhältnis 1:50 gibt an, wie der Höhenunterschied und die horizontale (waagerechte) Entfernung zueinander stehen. Auf je 50 m Horizontalstrecke entfällt 1 m Steigung. Führt man die Division 1:50 aus, ergibt sich der Quotient $0{,}02 = \frac{2}{100}$. Da „Prozent“ nichts anderes als „Hundertstel“ bedeutet, sind das 2 %. Umgekehrt könnte man statt „25 %“ auf ein Warnschild auch 25:100 oder (gekürzt) 1:4 bzw. 0,25 schreiben, statt 8 % ebenso 8:100 oder 1:12,5 bzw. 0,08. Noch einen Schritt weiter gehen die Mathematiker. Sie bilden Paare zur Tangensfunktion, indem sie den Dezimalzahlen, die aus den Schildern zu entnehmen sind, den zugehörigen Winkel beigeben. Er ist aus Tafeln zu entnehmen. Die folgende Übersicht enthält die für Schienen und Straßen gängigsten Paare; wobei die Winkel gerundet wurden:

Neigungswinkel = x	1,1°	4,6°	5,7°	6,8°	8°	14°
„Warnzahl“ = tan x = y	0,02 (2 %)	0,08 (8 %)	0,10 (10 %)	0,12 (12 %)	0,14 (14 %)	0,25 (25 %)

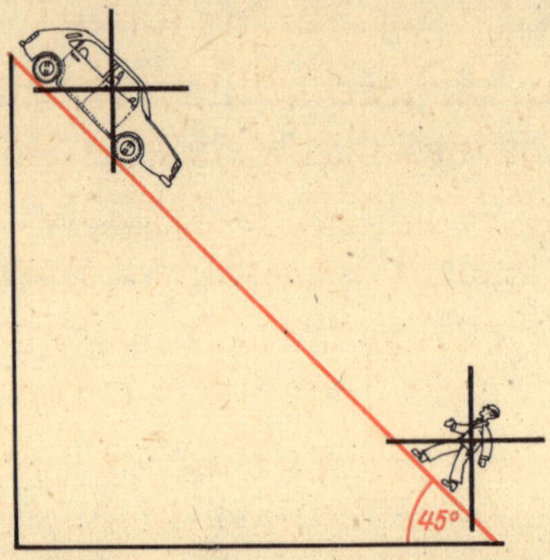

Nicht zu bewältigen:
100 % Gefälle

Also macht bei einem Neigungswinkel von 1,1° der Höhenunterschied das 0,02fache bzw. 2 % der waagerechten Strecke aus, beispielsweise $0{,}02 \cdot 100\ m = 2\ m$. Bei 45° verhalten sich beide wie 1:1, so daß auf einer Warntafel „100 %“ stehen müßte. Aber nicht einmal Sprungschanzen oder deren Ausläufe fallen so steil ab. Dächer jedoch können hundertprozentige Neigungen haben. Nur angeseilt vermögen sich Dachdecker darauf zu halten. Bergsteiger bezwingen gar senkrechte Felswände. In Prozenten kann dieses Gefälle nicht ausgedrückt werden, denn zu einem Winkel von 90° fehlt in der Tangensfunktion der „Partner“ (vergl. Sonnenhöhe und Schatten, Seite 148).

Wenn die Werte immer kleiner werden

Jede natürliche Zahl hat ihren Vorgänger, auch die Null. Wohin aber gehört das Paar (0; −1) im Koordinatensystem? In den Darstellungen, die bisher hier gegeben wurden, wäre es gar nicht unterzubringen. Anfangs, zu Descartes' Zeiten, sahen auch bedeutende

Mathematiker eine Schwierigkeit darin. Doch Newton löste das Problem, indem er beide Achsen nach rückwärts verlängerte. Er wandelte die Zahlenstrahlen in Zahlengeraden um. Nunmehr verlaufen sie, falls keine Einschränkung erfolgt, von „minus unendlich" bis „plus unendlich". Damit findet auch jedes Paar, das aus einer ganzen Zahl (x) und ihrem Vorgänger (y) besteht, im Diagramm seinen Platz. Unter anderem verbinden sich:

x	−3	−2	−1	0	1	2	3
y	−4	−3	−2	−1	0	1	2

Es genügt, wenn man nach dieser Tabelle 2 Punkte im Koordinatensystem angibt und durch sie eine Gerade zieht. Auf ihr bildet sich die Menge aller Paare ab, die sich nach dieser Zuordnung überhaupt zusammenstellen lassen. Und das sind mehr, als es Wassertropfen in den Ozeanen gibt. Während selbst Archimedes' berühmte Sandkornrechnung auf eine endliche Zahl führte, könnte man die hier gegebene Tabelle nach beiden Seiten fortsetzen, ohne je an ein Ende zu kommen. Das heißt, es existieren unendlich viele solcher geordneten Paare, und jedem entspricht genau ein Punkt.

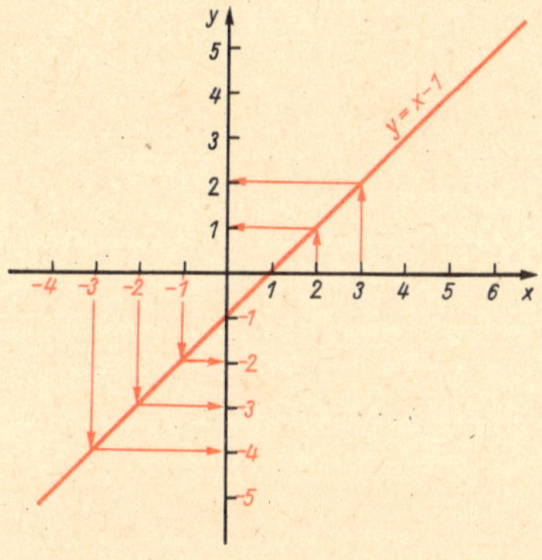

Jedem x ein y
und umgekehrt

Die Gerade, auf der sie alle liegen, bleibt nicht anonym (ohne Namen). Man schreibt an sie die Funktionsgleichung. Das ist die Rechenvorschrift, nach der man jedem x genau ein y zuordnen kann. Hier heißt sie

$$y = x - 1.$$

Die Anweisung lautet also: „Willst du y erhalten, so subtrahiere 1 von x!" Welche Gleichung drückt hingegen aus, daß y den Nachfolger von x bildet? Welche Werte nimmt dann y im Bereich $-3 \leqq x \leqq +3$ an?[23]

Im Netz

Eine Kugel hat weder Länge noch Breite. Auch die Erde nicht. Trotzdem werden diese Begriffe mit ihr verbunden. Zum Beispiel liegt London auf 0° Länge und 52° nördlicher Breite (abgekürzt N). Solche Angaben nennt man geographische Koordinaten. Sie ermöglichen, daß jeder Punkt auf der Erdoberfläche ein Zahlenpaar erhält, das dessen Lage im Gradnetz beschreibt. Bei den „Maschen" muß zwischen Meridianen (halben Längenkreisen), die sich von Pol zu Pol ziehen, und Breitenkreisen, die parallel zum Äquator verlaufen, unterschieden werden. Der besseren Übersicht halber teilt man die Erde noch in je zwei (sich überschneidende) Hälften: längs in eine östliche und eine westliche, „quer" in eine nördliche und eine südliche. Grenzlinien sind die Meridiane 0 und 180 für die Länge sowie der Äquator für die Breite.

Daß zur Lagebeschreibung Ausdrücke wie Länge und Breite aufkamen, die in bezug auf eine Kugel nicht angebracht sind, hängt mit den ersten Weltkarten zusammen, die vor fast 2 000 Jahren ge-

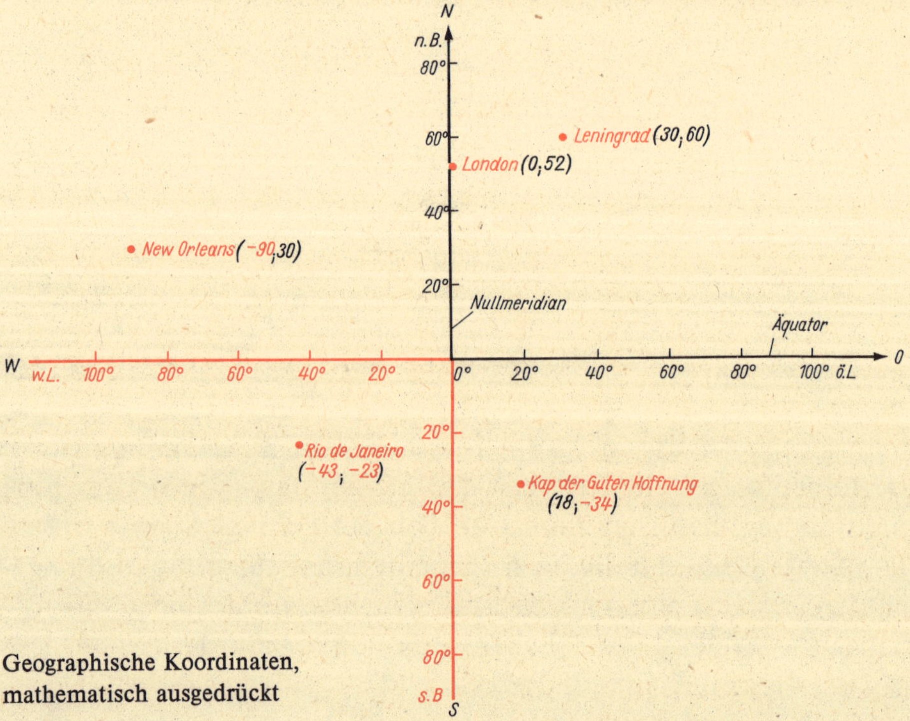

Geographische Koordinaten, mathematisch ausgedrückt

zeichnet wurden. Sie hatten Rechteckform. Natürlich war auf ihnen nur ein kleiner Teil der Erde dargestellt. Mehr kannte man noch nicht.

Später wurden die Begriffe, obwohl nicht mehr zutreffend, auf das Gradnetz übertragen.

Im folgenden wollen wir den umgekehrten Weg gehen: zurück von der Kugel zum Rechteck. Auf diese Weise lassen sich die geographischen Zahlenpaare in einem rechtwinkligen mathematischen Koordinatensystem darstellen. Seine Achsen beziehen sich auf die Länge (l) und die Breite (b), wobei die westliche und die südliche Hälfte dem negativen Bereich angehören sollen.

Außerdem gilt:

$-180 < l < +180$ und $-90 \leqq b \leqq +90$. (Warum?)

Einige Beispiele sind so dargestellt, und zwar:

Ort	geographische Koordinaten	mathematische Koordinaten
London	0°; 52° N	(0; 52)
Leningrad	30° O; 60° N	(30; 60)
New Orleans (USA)	90° W; 30° N	(−90; 30)
Rio de Janeiro	43° W; 23° S	(−43; −23)
Kap der Guten Hoffnung	18° O; 34° S	(18; −34)
Nordpol	–; 90° N	(n.d.; 90)
Südpol	–; 90° S	(n.d.; −90)

Weil alle Meridiane dort zusammentreffen, haben die beiden Pole keine geographische Länge. Also können sie in unser Koordinatensystem nicht eindeutig eingetragen werden. (Auf Parallelen zum Äquator im Abstand +90 bzw. −90 könnte man sie mit jedem beliebigen l verbinden.)

Geordnet sind die hier aufgeführten Paare in jedem Fall, denn die Reihenfolge steht fest: erst die Länge, dann die Breite. Eine Funktion liegt natürlich nicht vor. Nur ein Schwejk könnte fragen, wie die zweite Zahl heißt, wenn zu einem unbekannten und unbenannten Ort die erste gegeben ist. Beispielsweise liegen auf 20° Ost unendlich viele Punkte in Europa und Afrika sowie in den Meeren um den Nord- und den Südpol.

Ein „ein“ zuviel?

Seit vielen Jahren erleichtern Zahlen den Postverkehr. Jeder Ort bzw. jedes Postamt hat seine Postleitzahl. Das ist eine eindeutige Zuordnung, denn in jedem Fall kommt genau eine solche Zahlenangabe in Frage. In der Zeichensprache der Mathematik weist man durch einen Pfeil auf diesen Zusammenhang hin. Die mathematische (nicht postalische!) Schreibweise

Rothenfurth → 9201

läßt also erkennen, daß es hier in bezug auf die Postleitzahl nur eine und keine weitere Möglichkeit gibt. Dennoch wäre es grundverkehrt, eine Postsendung etwa nur an einen Herrn Müller „in 9201“ zu adressieren und die Ortsangabe wegzulassen. Das führte zu einem Rätselraten, und der Empfänger könnte womöglich erst nach einem langen Hin und Her gefunden werden. „So herum“ ist die Zuordnung nämlich nicht eindeutig. Die genannte Postleitzahl verbindet sich mit mehreren Dutzend Orten, so daß die Abhängigkeit in dieser Reihenfolge nur durch ein Bündel von Pfeilen dargestellt werden kann.

Eine kleine Auswahl sähe so aus:

↗ Reichenbach
9201 → Rothenfurth
↘ Holzhau.

Häufig ließe sich die Zugehörigkeit (Ort; Postleitzahl) jedoch durch einen Doppelpfeil kennzeichnen. Zum Beispiel:

Großschirma ↔ 9204.

Dieses Zeichen symbolisiert, daß es hier in beiden Richtungen nur eine Möglichkeit gibt: ein Ort → eine Zahl, eine Zahl → ein Ort (und nur einer). Mathematisch ausgedrückt: Die Zuordnung ist umkehrbar eindeutig oder – wie es in der Fachsprache auch heißt – eineindeutig. (Das Wort enthält keine Silbe zuviel.)

Auch Zahlenpaare sind teils eindeutig, teils eineindeutig aufeinander bezogen. So zeigt die Darstellung

$x \leftrightarrow 2x$

an, daß bei einer derartigen „Partnerwahl“ sowohl vom ersten auf den zweiten als auch vom zweiten auf den ersten Wert geschlossen werden kann. Beispielsweise gehört in die folgenden Lücken

(10;) bzw. (;10)

jeweils nur eine ganz bestimmte Zahl, und zwar eine 20 bzw. eine 5.

Anders bei $x \rightarrow x^2$, wenn x dem Bereich der ganzen Zahlen angehören soll. Hier ist der Schluß von der zweiten auf die erste Zahl nicht eindeutig, denn zu jedem x^2 (jeder Quadratzahl) gesellen sich 2 verschiedene Werte von x. An einigen Beispielen soll das die folgende Übersicht verdeutlichen:

x	+1 und −1	+2 und −2	+3 und −3	+4 und −4
x^2	1	4	9	16

($\downarrow$ eindeutig ; zweideutig $\uparrow$)

Die Doppeldeutigkeit rührt daher, daß die Quadrate von positiven und negativen Zahlen einander gleich sind. Es gilt: $1^2 = 1$ und $(-1)^2 = 1$; $2^2 = 4$ und $(-2)^2 = 4$ usw.

Eineindeutige Zuordnungen spielen besonders in der Welt des Unendlichen, in die wir im nächsten Kapitel eintreten, eine wichtige Rolle.

EINE WUNDERWELT

Warum Achill beinahe von einer Schildkröte besiegt worden wäre

Archimedes behauptete einmal, es gäbe in der Mathematik ganz unglaubliche Dinge. Vielleicht dachte er dabei an den griechischen Philosophen Zenon. Der hatte 200 Jahre vor ihm dem sogenannten gesunden Menschenverstand ein Schnippchen geschlagen. Mit mathematischen Mitteln schien ihm – wider alle Vorstellungskraft – der Nachweis geglückt, daß selbst der schnellste Läufer eine Schildkröte nicht einholen könne, wenn diese mit Vorsprung ins Rennen geht. Zenons Rechnung, die auf die Unerkennbarkeit und Widersprüchlichkeit der Welt hindeuten sollte, wurde weltberühmt:

Achill, ein sagenhafter, über die Maßen flinker Held des Altertums, läuft zehnmal so schnell wie sein Wettkampfgegner, eine

Unterliegt Achill
der Schildkröte?

Schildkröte. Großzügig gewährt er ihr beim Start eine Vorgabe von 100 m. Doch wie er auch rennt und spurtet, das plumpe Tier ist nicht einzuholen; es wird Sieger.

„Unmöglich!" wird man sagen, aber Zenon läßt sich nicht so leicht widerlegen. Rechnen wir nach: Wenn Achill genau 100 m zurückgelegt hat, erreicht die Schildkröte die 110-m-Marke. Kommt der Schnelläufer aber dorthin, ist das Tier wiederum um 1 m vorangekrochen, also bei 111 m angelangt. Daß der Vorsprung zwar kleiner und kleiner wird, aber dennoch nie auf Null zusammenzuschrumpfen scheint, soll die folgende Tabelle zeigen. Sie gibt in Metern an, wie weit sich die Wettkämpfer zur gleichen Zeit vom Start entfernt haben:

Achill	Schildkröte
0	100
100	110
110	111
111	$111 + \frac{1}{10}$
$111 + \frac{1}{10}$	$111 + \frac{1}{10} + \frac{1}{100}$
$111 + \frac{1}{10} + \frac{1}{100}$	$111 + \frac{1}{10} + \frac{1}{100} + \frac{1}{1000}$ usw.

Aus der letzten Zeile ist ersichtlich, daß die Schildkröte noch immer einen Vorsprung von $\frac{1}{1\,000}$ m = 1 mm hat. Und man sieht, wie es weitergehen muß. Dieser eine Millimeter verringert sich auf einen Zehntel-, einen Hundertstel-, einen Tausendstelmillimeter. So lang die Kette der Summanden auch wird, Achill scheint die Startvorgabe nicht wettmachen zu können. Ob ein Kurzstrecken- oder ein Marathonlauf, die Schildkröte müßte siegen.

Natürlich liegt hier ein Trugschluß vor. Daß der Schnellere den Langsameren nicht einholt (z. B. der Hase den Igel), das gibt es doch in Wahrheit nicht. In jenem sagenhaften antiken Wettlauf wäre Achill, wie sich leicht nachrechnen läßt, schon bei 112 m an der Spitze gewesen. Während er nämlich zu 110 m noch 2 m zulegt, kommt die Schildkröte in dieser Zeit nur 20 cm voran, nämlich von 111 m auf 111,20 m.

Wo also liegt der Fehler? Im Umgang mit dem Unendlichen! Wider Erwarten führt die Addition jener endlosen Kette von Summanden auf ein genau angebbares Resultat, denn

$$111 + \frac{1}{10} + \frac{1}{100} + \frac{1}{1\,000} + \ldots = 111\frac{1}{9}.$$

An diesem Punkt, $111\frac{1}{9}$ m nach dem Start, würde Achill mit der Schildkröte gleichziehen. Bei 200 m hätte er bereits einen Vorsprung von 80 m. Warum?[24]

Es erscheint sehr verwunderlich, daß hier eine bestimmte Grenze nicht überschritten wird. Man addiert und addiert, und selbst Millionen und Milliarden von Summanden würden die Summe nicht weiter als bis zu dieser Schranke $\left(111\frac{1}{9}\right)$ anwachsen lassen. In dezimaler Schreibweise klärt sich das „Wunder“ auf. Man erhält eine endlose Aneinanderreihung von Einsen:

$$111 + 0{,}1 + 0{,}01 + 0{,}001 + 0{,}0001 + \ldots = 111{,}111\ldots = 111{,}\bar{1},$$

$$\text{und } 111{,}\bar{1} = 111\frac{1}{9}.$$

Die Probe bestätigt es: $1:9 = 0{,}111\ldots = 0{,}\bar{1}$, und $111 + 0{,}\bar{1} = 111{,}\bar{1}$.

Aber *eine* Summandenkette verhält sich nicht wie die andere.

Zwar weist auch die Addition von $1+\frac{1}{2}+\frac{1}{3}+\frac{1}{4}+\frac{1}{5}+\frac{1}{6}+\ldots$ ins Unendliche, doch was hier „herauskommt", hat mit dem vorigen Ergebnis gar keine Ähnlichkeit. Diesmal gibt es kein „Bis hierher und nicht weiter". Vielmehr wächst die Summe über alle Grenzen und jede noch so große Zahl hinaus. Also läßt sich ein Resultat zahlenmäßig überhaupt nicht angeben.

In einer dritten Kette ist jeder nachfolgende Summand halb so groß wie sein Vorgänger:

$$1+\frac{1}{2}+\frac{1}{4}+\frac{1}{8}+\frac{1}{16}+\frac{1}{32}+\ldots$$

Auch sie findet kein Ende, aber die Summe klettert nicht weiter als genau bis 2. Das erinnert an die Wettlaufgeschichte, mit der Zenon ein Beispiel für die Widersprüchlichkeit der Zahlenwelt gefunden zu haben glaubte. Erst viel später wurde sein Irrtum erkannt. Daß dem Ergebnis einer unendlich langen Additionsaufgabe mitunter feste und sogar unweit von Null liegende Grenzen gesetzt sind – wer würde das vermuten?

Altgewohntes umgestoßen

Über Jahrtausende hinweg bereitete das Unendliche selbst den Mathematikern große Schwierigkeiten. Noch heute ist es außerhalb der Wissenschaft schwer zu „fassen". Wie oft wird behauptet, man sähe am Himmel unendlich viele Sterne oder es fielen unendlich viele Schneeflocken herab. Aber die Natur bietet uns ihre Bestandteile nur in endlicher Zahl dar (vgl. auch Archimedes' Sandkornrechnung, Seite 96).

Das Unendliche hingegen ist das Werk des Menschen. In der Schule begegnet es den jüngeren Schülern zum erstenmal, wenn sie erkennen, daß man immer weiter zählen kann und daß es keine „größte Zahl" gibt. Hierbei tritt der Begriff, genaugenommen, in zweierlei Bedeutung auf, denn zum einen handelt es sich um unendlich viele natürliche Zahlen, zum anderen um ihr Anwachsen bis zu einer unendlichen Größe.

Die Wunder und die Tücken des Unendlichen zeigen sich erst später, bei tieferem Eindringen. Zum Beispiel scheint es in Zenons

Wettlaufgeschichte nicht mit rechten Dingen zuzugehen, denn nach dem sogenannten gesunden Menschenverstand müßte die aus unendlich vielen Summanden gebildete Summe unaufhörlich wachsen und alle Grenzen überschreiten.

Noch vieles andere im Zusammenhang mit dem Unendlichen erschien den Mathematikern früherer Jahrhunderte wie den Laien äußerst rätselhaft. Darum kam schon Galilei zu dem Schluß, daß in dieser Zahlenwelt andere Gesetze gelten müßten als im Bereich des Endlichen. Manches blieb noch lange im verborgenen.

Erst in jüngerer Zeit vermochten Mathematiker das Dunkel aufzuhellen. Dabei wurde eine Wunderwelt sichtbar, und es kamen, mit Archimedes zu reden, ganz unglaubliche Dinge ans Licht. Zum Beispiel,

daß ein Teil so groß ist wie das Ganze,

daß eine lange Strecke nicht mehr Punkte enthält als eine kurze,

daß es nicht nur halb soviel gerade Zahlen gibt wie natürliche, sondern genausoviel,

daß man selbst die rationalen Zahlen $\left(\text{wie } \frac{3}{4};\ -\frac{17}{23};\ \frac{999}{1000}\right)$ so ordnen und durchnumerieren kann, daß sich genau angeben läßt, welche an fünfter, an hundertster oder gar an zehnmillionster Stelle steht.

Gegen solche Behauptungen sträubt sich zunächst unser „gesunder Menschenverstand". Auch bedeutende Mathematiker des 19. Jahrhunderts schüttelten über Neuerungen, aus denen derartige Schlüsse gezogen werden müssen, den Kopf. Aber das, was sie ablehnten, setzte sich schließlich weltweit durch. Es ist die Mengenlehre. Nachschlagewerke nennen sie „eine der originellsten Schöpfungen der Mathematik".

Begründet wurde die Mengenlehre im wesentlichen von dem deutschen Mathematiker Georg Cantor. 1845 in Sankt Petersburg (dem heutigen Leningrad) geboren, studierte er in Zürich und Berlin. Von 1869 an lehrte er an der Universität in Halle. Dort, in der Stadt an der Saale, lebte er bis zu seinem Tod im Jahr 1918. Ein Denkmal in Halle-Neustadt erinnert an ihn und seine bedeutenden Leistungen zur Weiterentwicklung der Mathematik.

Wie Pythagoras oder Thales, so kommt auch Cantor in den Schulen zu Ehren, wenngleich sein Name seltener erwähnt wird. Aber wir sprechen oft in seiner Sprache und bedienen uns der entsprechenden Zeichen. Zum Beispiel schreiben wir: „$7 \in P$“ und drücken damit aus, daß 7 Element von P, der Menge der Primzahlen, ist. Oder wir kennzeichnen etwa durch die Schreibweise „$M_4 \subset M_2$“ alle durch 4 teilbaren Zahlen als Teilmenge der durch 2 teilbaren, also der geraden Zahlen.

Auch Bücher, Bäume, Kraftfahrzeuge, Kinobesucher, Menschen, die am 29. Februar geboren sind, oder solche, die über 2 m hinausragen, lassen sich zu Mengen zusammenfassen. Cantor erklärte:

> „Unter einer ‚Menge‘ verstehen wir jede Zusammenfassung M von bestimmten wohlunterschiedenen Objekten unserer Anschauung oder unseres Denkens (welche die ‚Elemente‘ von M genannt werden) zu einem Ganzen.“

In eine neue, eine mathematische Wunderwelt gelangte Cantor vor allem durch Mengenvergleiche. Sie führten u. a. zu den Erkenntnissen, die wir im vorigen Kapitel als „ganz unglaublich“ bezeichneten. Wer würde nicht mit wetten, daß (läßt man die Null weg) genau doppelt soviel natürliche Zahlen existieren wie gerade Zahlen?

Tatsächlich finden sich doch im Bereich von 1 bis 100 nur 50 gerade Zahlen. Gilt das Verhältnis 100:50 bzw. 2:1 aber auch im Unendlichen?

Cantor lehrte: Zwei Mengen A und B haben gleich viele Elemente, wenn man zwischen beiden Mengen eine eineindeutige Abbildung herstellen kann. (Statt „Abbildung“ gebrauchten wir bisher einen gleichbedeutenden Ausdruck, nämlich „Zuordnung“.) Damit schuf er die Grundlage für Mengenvergleiche sowohl im Endlichen als auch im Unendlichen.

Für unser Beispiel (natürliche und gerade Zahlen) ergibt sich die folgende Zuordnung (Abbildung):

Menge A	1	2	3	4	5	6	7	8	9	10	11 …
Menge B	2	4	6	8	10	12	14	16	18	20	22 …

Durch die obere Zahlenreihe werden die jeweils darunterstehenden geraden Zahlen numeriert: Die Nummer 1 bekommt die 2, die Nummer 2 die 4 usw. Jedes Element der Menge A ist eindeutig auf genau ein Element der Menge B abgebildet und umgekehrt. Kein Zweifel: Die Zuordnung erfolgte eineindeutig.

Welche Reihe reißt nun eher ab? Keine. Also findet sich immer und immer wieder ein passendes Paar zusammen. Nicht ein einziges Element, weder in A noch in B, bleibt jemals ohne Partner. Daraus folgt, was anfangs nicht zu glauben war: Beide Mengen haben gleich viele Elemente. Man sagt dafür besser, sie seien gleich mächtig (oder von gleicher Mächtigkeit). Darum gibt es genausoviel gerade Zahlen wie natürliche. Wenn das keine Überraschung ist!

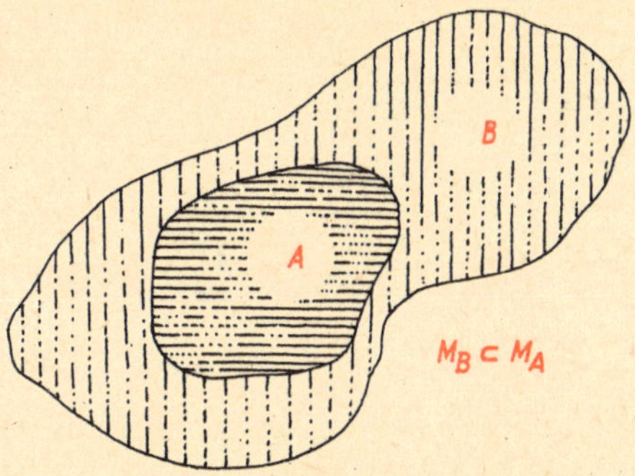

Die Menge B ist
eine Teilmenge der Menge A

Dennoch bilden die geraden Zahlen eine Teilmenge der natürlichen Zahlen, und man kann diesen Sachverhalt so veranschaulichen, wie es die Zeichnung zeigt. Aber wieder muß man umdenken und sich vom Endlichen in die Welt des Unendlichen versetzen: Wenn keine zahlenmäßige Begrenzung gegeben ist, dann symbolisiert die große Fläche nicht mehr Elemente als die einbeschriebene kleine. Demnach ist hier ein Teil ebensogroß wie das Ganze.

Anders, wenn man den Zahlenbereich einschränkt, zum Beispiel für die Menge A auf die Zahlen 1 bis 100. Dann stimmt unsere altgewohnte Vorstellung wieder, denn die innere Teilfläche versinnbildlicht dann genau halb so viele Elemente wie die ganze Fläche.

Träumereien

Auch Schriftsteller begaben sich in die Welt des Unendlichen. Sie dachten sich phantastische Geschichten aus. Zum Beispiel berichtete der Engländer Laurence Sterne (1713 bis 1768) von einem

Mann, der seine Erinnerungen ungemein ausführlich niederschrieb. Da er sehr viel erlebt hatte, brauchte er ein ganzes Jahr, um einen einzigen Tag zu schildern. Auf diese Weise wäre er natürlich nicht weit gekommen. So hätte er in 60 Jahren nur 2 Monate seines bewegten Lebens beschreiben können. Ein sinnloses Unterfangen. Aber Sterne wußte einen Ausweg. Er ließ seinen Helden unendlich lange leben. Nun konnte der Autobiograph (Autobiographie = Beschreibung des eignen Lebens) beruhigt zur Feder greifen. Jetzt war er imstande, *alles* darzustellen, seine Erlebnisse von Anfang bis ...; doch halt, es gibt ja kein Ende! Nur unsere Tabelle müssen wir sehr bald abbrechen. Ein Jahr (Menge B) wurde in ihr, wie es in der Mathematik üblich ist, zu 360 Tagen gerechnet:

Menge A (Lebenstage)	1	2	3	4	5	...
Menge B (Dauer der Niederschrift)	360	720	1 080	1 440	1 800	...

Wäre der sonderbare Schriftsteller so alt geworden wie sein „Erfinder", dann gehörten zur Menge A rund 20 000 Elemente (20 000 Tage ≈ 55 Jahre). Die andere, B, hätte es dagegen nur auf 55 Elemente gebracht. Zwischen den beiden Mengen könnte also keine eineindeutige Abbildung hergestellt werden, denn die meisten Zahlen aus der oberen Reihe blieben „alleinstehend".

Die Unendlichkeit ändert das grundlegend. Sie gibt diesen beiden Mengen Gleichmächtigkeit, denn jedem Element von A ist immer wieder eines von B zugeordnet und umgekehrt. Daß A mehr Elemente enthielte als B – davon kann jetzt keine Rede mehr sein.

Wieder muß man hier einen unglaublichen Schluß ziehen: Der „unsterbliche" Autobiograph lebte so viele Jahre wie Tage! Erstaunlich ist, daß Laurence Sterne schon lange vor Georg Cantor das Unendliche in dieser Weise erfaßte.

Dem Engländer gegenüber war Stanisław Lem, ein zeitgenössischer polnischer Schriftsteller (geboren 1921), im Vorteil. Sicherlich kannte er die Mengenlehre, als er seinen Sternenwanderer John Tichy auf die Reise schickte. Er, der Romanheld, kam in ein kosmisches Hotel, das unendlich viele Ein-Mann-Zimmer hatte. „Alles besetzt!" sagte ihm der Portier. „Wir können Sie nicht mehr unterbringen." Doch der Direktor, der sich im Unendlichen besser auskannte, wußte Rat. „Der neue Gast bekommt das Zimmer Nummer eins", ordnete er sogleich an. „Die jetzigen Bewohner ziehen eins weiter, von der Eins in die Zwei, von der Zwei in die Drei und immer so fort." Alle mußten rücken, und zwar jeder, ganz gleich, wo er Quartier bezogen hatte, vom Zimmer x nach dem mit der Nummer $x + 1$.

Eine denkbar einfache, in einem „irdischen" Hotel aber unmögliche Lösung.

Doch kaum hatte sich John Tichy einquartiert, mußte er schon wieder umziehen. Kurz nach ihm war nämlich die stattliche Anzahl von 999 999 kosmischen Zoologen (Tierforschern) eingetroffen. Also mußten ebenso viele Zimmer frei werden. Diesmal brauchen wir nicht den sachkundigen Direktor zu bemühen. Wir können die Schlüssel selbst verteilen.

Welche Nummer bekam unser Sternenwanderer, welche sein Nachbar aus Zimmer 2?[25]

Es wurde noch aufregender. „Als ich am dritten Tag in die Halle kam", berichtete John, „gingen mir fast die Augen über. An der Rezeption stand eine Schlange neuer Gäste." Es war die Vereinigung der außerirdischen Philatelisten (Briefmarkensammler). Auf die Frage, ob es viele seien, antwortete der Portier: „Eine unendliche Menge – mindestens ein Mitglied aus jedem Milchstraßensystem." Wieder fand der Leiter des Weltraumhotels, das ja immerfort ausgebucht war, eine Lösung. Nach kurzem Besinnen wies er an, daß sich der Mieter aus Nr. 1 nach Nr. 2 begeben möge. „Mir erschien das recht sinnlos", erinnerte sich Tichy, „denn ich wußte ja aus eigener Erfahrung, daß man auf diese Weise nur *einen* neuen Gast unterbringen konnte. Es sollten aber nicht mehr und nicht weniger als *unendlich viele* Philatelisten untergebracht werden." Aber die Anweisung ging ja noch weiter: „Der Gast von Nr. 2 möge nach 4, dieser nach 8, der Gast von 3 nach 6 und so weiter übersiedeln."

Alle sollten ihre Zimmernummer verdoppeln, so daß von jeder beliebigen Zahl n nach 2n umgezogen werden mußte. Danach blieben nur noch die Zimmer 2; 4; 6; 8; 10, ... belegt, und es war ein leichtes, die Briefmarkensammler abzufertigen. Sie erhielten die Räume mit den ungeraden Nummern. Im Unendlichen ist's möglich!

Allein zwischen 0 und 1 liegen unendlich viele rationale Zahlen, das heißt solche, die man in der Form $\frac{a}{b}$ schreiben kann. Immer dichter an die Null drängt sich eine winzig kleine Teilmenge von ihnen, nämlich $\frac{1}{10}, \frac{1}{100}, \frac{1}{1000}, \frac{1}{10000}, \ldots$ bzw., dezimal geschrieben, 0,1; 0,01; 0,001; 0,0001, ... Nirgends zeichnet sich ein Ende ab. Und wie viele derartige Folgen könnte man noch bilden! Oder was für ein „Irrgarten" von Zahlen entstünde, wenn man in Dezimalbrüchen wie 0,987654321 die Ziffern nach dem Komma nach allen Möglichkeiten umstellte und außerdem an beliebigen Stellen beliebig viele Nullen dazwischenschöbe. Und alles das ließe sich zwischen 1 und 2, 2 und 3, 3 und 4 usw. wiederholen.

Daß man in die Menge der rationalen Zahlen keine Ordnung bringen, daß man ihre Elemente niemals – wie Hotelzimmer – durchnumerieren könne – wer zweifelt daran?

Doch 1873 geschah ein mathematisches „Wunder". Georg Cantor bewies das Gegenteil. Er hatte ein Verfahren ersonnen, wie man alle positiven rationalen Zahlen „antreten" lassen und durchzählen kann. Die Abbildung gibt seine geniale Idee wieder, wobei leicht

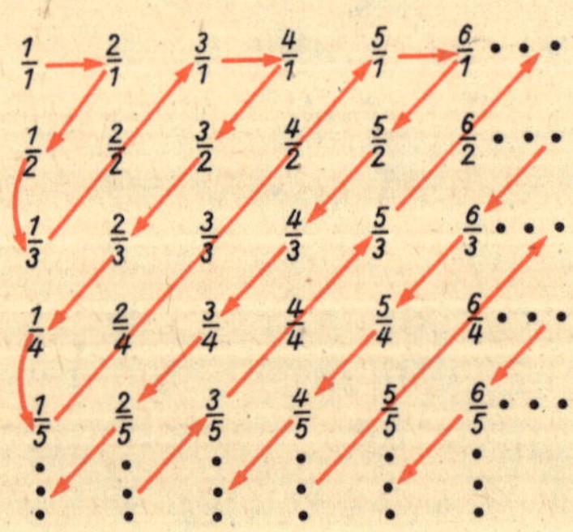

Wie Georg Cantor die positiven rationalen Zahlen durchnumerierte

zu sehen ist, wie die Zeilen und Spalten bis ins unendliche fortgesetzt werden könnten. In welcher Reihenfolge gezählt werden muß, zeigen die Pfeile. Man beginnt bei $\frac{1}{1}$, geht von dort zu $\frac{2}{1}$ (= 2), von da zu $\frac{1}{2}$ usw. Was bereits numeriert wurde – wie $\frac{2}{2} = \frac{1}{1}$ – wird übersprungen. Für den Anfang ergibt sich so die folgende Tabelle:

Menge A (Nummer)	1	2	3	4	5	6	7	8	9…
Menge B (pos. rat. Zahl)	$\frac{1}{1}$	$\frac{2}{1}$	$\frac{1}{2}$	$\frac{1}{3}$	$\frac{3}{1}$	$\frac{4}{1}$	$\frac{3}{2}$	$\frac{2}{3}$	$\frac{1}{4}$…

Nur scheinbar herrscht in der Menge B ein Durcheinander. Der Größe nach geordnet sind ihre Elemente nicht. Aber die Tabelle mit den Pfeilen beweist, daß jedes seinen festen Platz hat und keines vergessen werden kann. Die Abbildung ist eineindeutig. Keine natürliche Zahl (Nummer) bleibt ohne zugeordnete rationale und umgekehrt.

Wir wissen bereits, was daraus folgt. Beide Mengen sind gleich mächtig. Anders ausgedrückt, erscheint das noch erstaunlicher: Es gibt ebenso viele natürliche wie positive rationale Zahlen!

Damit ist aber der Gipfel noch nicht erreicht. Man kann sogar die negativen rationalen Zahlen und die Null zum Durchzählen mit aufbieten. Es finden sich dann diese Paare:

Menge A	1	2	3	4	5	6	7	8	9	10…
Menge B	0	$\frac{1}{1}$	$-\frac{1}{1}$	$\frac{2}{1}$	$-\frac{2}{1}$	$\frac{1}{2}$	$-\frac{1}{2}$	$\frac{1}{3}$	$-\frac{1}{3}$	$\frac{3}{1}$…

Die Fortsetzung erkennt man an der vorigen Tabelle.

Wie lauten die zwei nächsten Paare?[26]

Da auch jedes der hinzugekommenen Elemente seinen „Stammplatz“ bekommt, ändert sich nichts an der Eineindeutigkeit der Abbildung. Wiederum kein Mehr und kein Weniger. Und darin gipfeln nun unsere Mengenvergleiche: Es existieren genausoviel natürliche wie rationale Zahlen überhaupt.

In bezug auf die Vergleiche von *Punkt*mengen sind wir nun vor Urteilen nach dem „gesunden Menschenverstand“ gewarnt. „Und wenn man sich auch nur schwer mit dem Gedanken anfreunden kann, daß die Strecke bis zu einem fernen Milchstraßensystem keinen einzigen Punkt mehr enthält als eine Strecke von der Länge eines Atomdurchmessers – es ist so“, schrieb ein Mathematiker. (Im ersten Fall handelt es sich um Billiarden von Kilometern, im zweiten um unvorstellbar kleine Bruchteile von Millimetern.)

Daß sich zwischen den Punktmengen verschieden langer Strekken immer eine eineindeutige Abbildung herstellen läßt, verdeut-

Warum auf einer längeren Strecke ($\overline{A'D'}$) nicht mehr Punkte liegen als auf einer kürzeren ($\overline{AD}$)

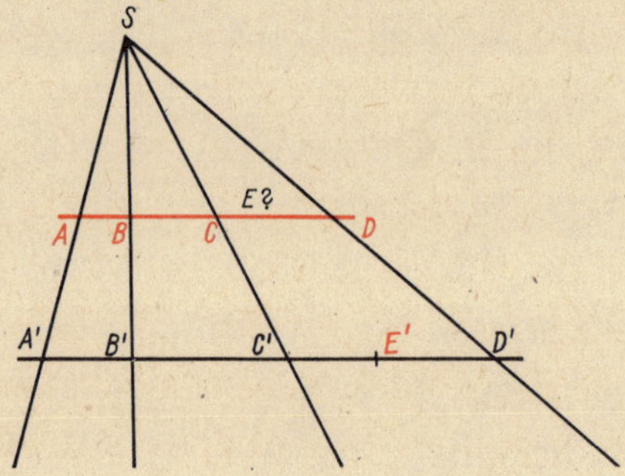

licht die Zeichnung. Jeder Originalpunkt (A, B, C, D) hat seinen Bildpunkt (A′, B′, C′, D′) und umgekehrt. Zum Beispiel kann man genau angeben, wo sich der (in der Darstellung ausgelassene) Partner von E′ befindet. Solche Zuordnungen ändern aber nichts daran, daß die Punktmengen von Strecken nicht abzählbar sind, denn es läßt sich nicht festlegen, wohin der erste, der zweite, der dritte, … Punkt gehört. Man unterscheidet daher abzählbare und überabzählbare Mengen. Im ersten Fall kann jedes einzelne Element numeriert werden, im zweiten ist das nicht möglich.

Während die Mengenlehre anfangs keine Begeisterung erweckte, schlug die Stimmung allmählich ins Gegenteil um. „Aus dem Paradies, das Cantor uns geschaffen hat, soll uns niemand vertreiben können“, beteuerte ein bedeutender Mathematiker.

DIE SCHNELLSTEN

Berge von Papier zu sichten

1880 fand in den USA die zehnte Volkszählung statt. Derartige Aktionen, bei denen auf vorgedruckten Bögen Dutzende von Fragen zu beantworten waren, wurden dort alle zehn Jahre vorgenommen.

Zur Auswertung der neunten Zählung hatten 500 Mann siebeneinhalb Jahre gebraucht. Als die Ergebnisse endlich vorlagen, waren sie bereits überholt, denn ständig kamen neue Einwanderer ins Land.

Man mußte also schneller arbeiten. So beauftragte das Statistische Amt in Washington den jungen Ingenieur Hermann Hollerith (1860 bis 1929), einen Deutschamerikaner, der sich durch seinen Erfindungsgeist ausgezeichnet hatte, das Zählbüro zu leiten und die anfallenden „Papierberge" möglichst innerhalb von zwei Jahren vollständig zu sichten. Dazu waren 62 Millionen Fragebögen nach 36 verschiedenen Gesichtspunkten auszuwerten.

Und tatsächlich gelang es Hollerith, ein neues Verfahren zu entwickeln, mit dem er viel schneller zum Ziel kam als seine Vorgänger. Noch früher als geplant konnte er seinen Auftrag zu Ende bringen. Natürlich unterstützte ihn ein Stab von Mitarbeitern, aber zu seinem besten Helfer hatte er die Elektroenergie ausersehen. Daß sie das Zählen zu beschleunigen vermochte, dazu bedurfte es erst einer genialen Idee.

Der findige Ingenieur entwarf Zählblättchen, auf denen das, was jeweils zutraf, nur anzukreuzen war. Die Kreise mit den Kreuzen ließ er lochen, die so entstandenen Lochkarten zwischen zwei Platten legen, diese zusammenpressen und Strom hindurchfließen. Zu dem Zweck verbanden Kontaktstifte eine mit der anderen, den „Eingang" mit dem „Ausgang". Aber die Stöpsel konnten die Verbindung nur überall dort herstellen, wo sie auf Löcher trafen. An den nicht gelochten Stellen wurden sie aufgehalten, so daß es dort für den Strom keine Brücke gab. Die Pappe zwischen den Platten hinderte ihn am Fließen.

Daraus ergaben sich zwei Möglichkeiten. Entweder das Zählwerk, zu dem das Verbindungskabel führte, rückte weiter, oder es bewegte sich nicht. Auf diese Weise „untersuchte" die Maschine Milliarden von Kreisen auf „angekreuzt" oder „nicht angekreuzt" bzw. „zutreffend" oder „nicht zutreffend".

Bis zur elften US-amerikanischen Volkszählung, 1890, hatte Hollerith seine Zähl- und Sortierautomaten so weit verbessert, daß er dann nur noch 43 Maschinen und je eine Person zur Bedienung brauchte. Nach 4 Wochen lagen die Endergebnisse vor.

Lochkarten, die auf die gleiche Weise abgetastet und „gelesen" werden, verwendet man noch heute. Doch längst gibt es Maschinen, die viel mehr „können" als zählen und sortieren, nämlich mit unvorstellbarer Geschwindigkeit rechnen. Möglich machte es die Elektrotechnik.

Ja oder nein

„Frei oder gesperrt“, hieß es bei Hollerith. Entweder der Strom floß, oder er floß nicht. Dieses Ja oder Nein wurde zu einer wichtigen Voraussetzung für den Bau vieler elektronischer Rechenanlagen, denn die können ebenfalls nur zwischen diesen beiden Möglichkeiten unterscheiden. Unsere gewohnten Zahlen in der üblichen Schreibweise sind darum für sie unbrauchbar, und die Automaten müssen sie erst in ihre Sprache übertragen. Das ist das Zweiersystem, mitunter auch Binärsystem genannt. (Die Vorsilbe „bi“ bedeutet „zwei“.) Dort gibt es nur die Ziffern 0 und 1. Statt der 1 wird aber meist das Zeichen L verwendet. Zunächst sehen die binären Zahlenbilder ziemlich geheimnisvoll aus. Unter anderem:

1 = L	8 = L000
2 = L0	15 = LLLL
4 = L00	16 = L0000
7 = LLL	32 = L00000

Doch wenn man den Wert der einzelnen Stellen kennt, bleibt nichts Rätselhaftes. Zum Beispiel:

2^5 (32)	2^4 (16)	2^3 (8)	2^2 (4)	2^1 (2)	2^0 (1)	
L	0	L	L	0	L	= 45,

denn $1 \cdot 32 + 0 \cdot 16 + 1 \cdot 8 + 1 \cdot 4 + 0 \cdot 2 + 1 \cdot 1 = 45$.

Allerdings werden die Zahlen sehr lang. Da 2^0 (= L) einstellig ist, hat 2^6 im Zweiersystem 7 Stellen. Für $2^{10} = 1\,024$ sind es demzufolge 11 (L0000000000).

Eine mathematische Legende aus dem Altertum führt auf die Summe $2^{64} - 1$. In der Zweizeichensprache müßte man dafür 64 „L“ nebeneinanderschreiben. Die Zahl heißt

18 446 744 073 709 551 615.

(Wäre sie um 1 größer, bekäme sie im Zweiersystem ein ganz anderes Gesicht: ein L mit 64 Nullen.)

Um soviel Weizenkörner geht es in der alten Geschichte. Dazu um den Erfinder des Schachspiels und einen indischen Kaiser. Angeblich war Sheram, der vor langer Zeit in Indien herrschte und riesige Ländereien besaß, von dem scharfsinnigen Spiel so begeistert, daß er dessen Schöpfer, den armen Gelehrten Zeta, reich belohnen wollte. Jeden Wunsch versprach er ihm zu erfüllen. Was der kluge Mann sich ausbat, erschien dem Kaiser kaum der Rede wert: auf das erste Feld des Schachbretts 1 Weizenkorn, auf das zweite 2, das dritte 4, das vierte 8, das fünfte 16 und auch auf jedes weitere immer das Doppelte des vorhergehenden – bis zum 64. und letzten Feld. Das Ganze summiert sich zu der obengenannten Anzahl von Körnern, denn $2^0 + 2^1 + 2^2 + 2^3 + \ldots + 2^{63}$ ergibt $2^{64} - 1$.

Den Herrscher schreckte das Ergebnis nicht. Er glaubte, daß seine Speicher ein Vielfaches davon enthielten. Wie so manches, was mit Zahlen zusammenhängt, klingt es unglaublich, aber es stimmt: Soviel Weizen wurde in der ganzen Menschheitsgeschichte bis heute noch nicht geerntet! Man rechnet 20 Körner auf 1 Gramm, und die Weltweizenernte betrug in der Mitte unseres Jahrhunderts etwa 200 Millionen Tonnen. Alles andere läßt sich ausrechnen. Wieviel Weltjahresernten forderte der „bescheidene“ Erfinder?[27]

Was so einfach begann

Der deutsche Bauingenieur Konrad Zuse (geboren 1910) hatte Tag für Tag umfangreiche Berechnungen auszuführen. Im wesentlichen immer das gleiche. Zu bestimmen war die Belastbarkeit von stählernen Trägern in Bauwerken. Eine wichtige Aufgabe, bei der Fehler schlimme Folgen – bis hin zu Einstürzen – haben können. Aber der junge Techniker empfand seine Arbeit als zu zeitaufwendig und stumpfsinnig. Er strebte nach schnelleren Lösungen, und so begab er sich auf die Spuren von Hollerith.

Schon bei seinen ersten Überlegungen bemerkte er, daß sich die Ziffern des Zehnersystems für eine elektronische Rechenmaschine, wie sie ihm vorschwebte, nicht eignen. Darum ging er zum Binärsystem über. 1941 hatte Zuse das Ziel erreicht. Der von ihm konstruierte Automat rechnete die langwierigen Aufgaben aus dem Bauwesen (und natürlich auch andere) *selbsttätig* von Anfang bis zu Ende. Das heißt, er war programmgesteuert. (Ähnlich arbeiten die heutigen Waschautomaten: Man stellt ein bestimmtes Programm ein, und die Maschine wickelt es Punkt für Punkt ab.)

Zuses Rechenautomat enthielt 2 000 elektrische Relais (Schalteinrichtungen). In den folgenden Jahren wurden die elektronischen Rechenanlagen, nun Computer genannt, immer größer. 1946 begann in den USA ein Riese dieser Art zu arbeiten. Er wog 30 Tonnen, nahm eine Fläche von 72 Quadratmetern ein und bestand aus 500 000 Einzelteilen, darunter – an Stelle von Relais – 18 000 Elektronenröhren, wie wir sie noch in alten Radios vorfinden.

Wenige Jahre später kehrte sich die Entwicklung um. Je kleiner, desto besser. Heute bestimmt die Mikroelektronik (mikro = klein) den Computerbau. Relais und Elektronenröhren werden durch winzige mikroelektronische Bausteine ersetzt. Auf Flächen von nur einem Quadratzentimeter Größe bringt man Teilchen unter, die die Arbeit von Tausenden Transistoren (den Nachfolgern der Elektronenröhren) verrichten.

Unvorstellbar sind die Geschwindigkeiten, mit denen die modernsten Automaten ihre Rechenoperationen ausführen: viele Millionen in einer Sekunde! Und dennoch ersetzen die Maschinen den Menschen nicht. Er muß ihnen den Lösungsweg vorgeben. Aus ihnen kann nur das herauskommen, was vorher in sie hineingesteckt wurde.

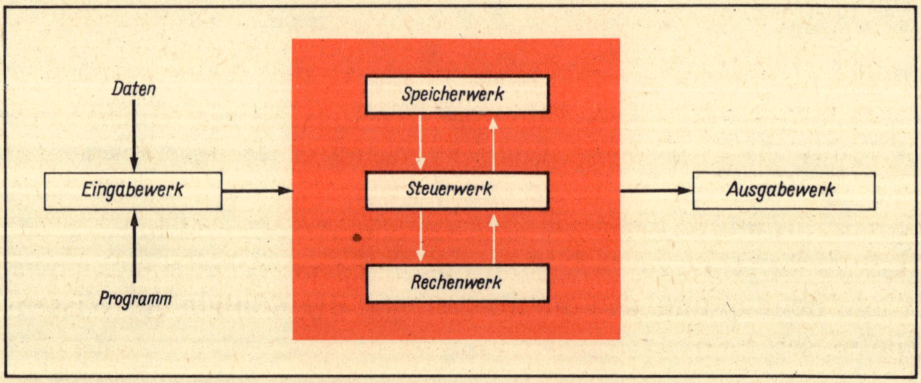

Schema zum Bau und zur Arbeitsweise eines programmgesteuerten Computers

Zur Arbeitsweise eines programmgesteuerten Automaten, in den man Ziffern eingibt und der das Ergebnis in Ziffern wieder ausgibt, zeigt die Abbildung ein vereinfachtes Schema. Es beschränkt sich auf die wichtigsten Teile.

Ein weiter Weg – von den Fingern als dem einfachsten Rechenhilfsmittel über den Abakus bis zu den heutigen Computern. Dazwischen liegen ratternde Maschinen, die mit Kurbeln betrieben wurden und an deren Entwicklung so berühmte Mathematiker wie Kepler, Leibniz und der Franzose Blaise Pascal (1623 bis 1662) arbeiteten. Auch diese Apparate bedeuteten für ihre Zeit einen Fortschritt.

Als Gauß und Weber die Elektroenergie erstmalig zur geistigen Arbeit, zur Zeichengebung, nutzten, wurden die Weichen für ein schnelleres Entwicklungstempo gestellt. Aber es vergingen noch über 100 Jahre, bis die erste elektronische Rechenanlage funktionierte.

Jetzt, im Zeichen der Mikroelektronik, beschleunigt sich der Fortschritt ständig. Daß er nicht nur die Fachwissenschaftler erreicht, zeigt sich unter anderem an der Verbreitung der Taschenrechner. Weltweit sind sie schon in den Schulunterricht eingezogen. Freilich darf man vor lauter Technik die eigenen Fertigkeiten im Umgang mit Zahlen nicht verkümmern lassen. (Eine Zeitung brachte dazu ein Witzbild: Ein Datenverarbeiter sitzt an einem komplizierten Rechengerät mit vielen Knöpfen und Schaltern. „Na, Kollege, wieviel ist zwei mal zwei?“ fragt ihn ein anderer. „Weiß ich nicht“, lautet die Antwort, „es ist gerade Stromausfall.“)

Am 4. Oktober 1957 kündete „Sputnik 1“ vom Stand der modernen Rechentechnik. Ihr „höchstgestellter“ Zeuge blieb die Weltraumfahrt. Aber die Mathematik erobert sich immer weitere Gebiete. In die Chemie, die Biologie, die Geologie und selbst die Medizin dringt sie tiefer ein. Ohne sie kann kein größerer Betrieb das Bestmögliche erreichen. Mehr denn je bewahrheitet sich heute die alte Behauptung, daß die Mathematik die Königin der Wissenschaften sei.

AUFGABENLÖSUNGEN

Aufgabe Nr.

1 Die Zahl heißt 1492

2 Wir brauchen für die einzelnen Zehnerpotenzen keine unterschiedlichen Zeichen, weil wir ein Stellenwertsystem haben. So bedeutet eine Eins an letzter Stelle (vor dem Komma) einen Einer, an vorletzter einen Zehner usw.

3 Es handelt sich um Wechselwinkel an geschnittenen Parallelen.

4 Einen 29. Februar gibt es alle 1460 Tage. Demnach müßte, laut Wahrscheinlichkeit, etwa jeder 1460. Mensch an diesem Tag geboren sein. Es genügt ein Überschlag:

$$4\,500\,000\,000 : 1\,500 = 3\,000\,000.$$

5 Eine Stunde hat 3600 Sekunden, ein Tag 86400. Die Stellen nach dem Komma sind gleichzusetzen mit rund 20926 s; denn $86\,400 \cdot 0{,}2422 = 20\,926{,}08$. Dividiert man 20926 durch 3600, so erhält man 5 Rest 2926, und $2\,926 : 60 = 48$ Rest 46. Also hat ein Jahr 365 Tage, 5 Stunden, 48 Minuten und 46 Sekunden.

6 Augustus wurde 77 Jahre alt; der Höhenunterschied beträgt 1606 m; der Temperaturunterschied beträgt 58 grd.

7 Man kann ein regelmäßiges Sechseck in 6 gleichseitige Dreiecke zerlegen, deren Seiten so lang sind wie der Kreisradius. Demnach hat der Umfang des Sechsecks die 6fache Länge des Radius bzw. die 3fache des Durchmessers.

8 Die Gleichheit von $1{,}\overline{9}$ und 2 läßt sich so beweisen:

$$x = 1{,}\overline{9} \qquad 10x - x = 19{,}\overline{9} - 1{,}\overline{9}$$

$$10x = 19{,}\overline{9} \qquad 9x = 18$$

$$x = 2$$

Genauso gilt: $0{,}\overline{9} = 1$; $0{,}4\overline{9} = 0{,}5$; $99{,}\overline{9} = 100$ usw.

9 Die Summe ist 111. Nach der Methode von Gauß (siehe Einleitungskapitel) erhält man die Gesamtsumme, indem man $37 = (1 + 36)$ mit 18 multipliziert. Das ergibt 666. Ein Sechstel davon entfällt auf jede Zeile, Spalte und Diagonale.

10 Ein magisches Zweierquadrat mit den Zahlen 1 bis 4 ist nicht möglich. Daher gilt die Einschränkung $n \geqq 3$.

11 Zuerst fährt der Fährmann mit der Ziege hinüber. Dann holt er den Kohl, nimmt aber die Ziege mit zurück ans andere Ufer und „vertauscht“ sie dort gegen den Wolf. Bei der vierten und letzten Überfahrt bringt er die Ziege endgültig hinüber.

12 Nach 75 Sprüngen, denn mit jedem Sprung holt er 2 Fuß auf.

13 Es waren 120 Blumen. Die Addition der Bruchteile $\left(\frac{1}{3}+\frac{1}{4}+\frac{1}{5}+\frac{1}{6}\right)$ ergibt $\frac{57}{60}$. Also sind die 6 verbleibenden Lotosblumen $\frac{3}{60}=\frac{1}{20}$ der Gesamtzahl, und $20 \cdot 6 = 120$.

14 $48 = 2 \cdot 2 \cdot 2 \cdot 2 \cdot 3 = 2^4 \cdot 3$
$72 = 2 \cdot 2 \cdot 2 \cdot 3 \cdot 3 = 2^3 \cdot 3^2$
k. g. V. $= 2^4 \cdot 3^2 = 16 \cdot 9 = 144$
g. g. T. $= 24$

15 Die Winkel α und α' bzw. β und β' sind Wechselwinkel an geschnittenen Parallelen.

16 Man multipliziert diese Gleichung mit 4 und erhält somit:

$$\begin{aligned} 1200 - x + 2x &= 4x \\ 1200 &= 3x \\ 400 &= x. \end{aligned}$$

Demnach waren es 400 Landsknechte und 800 Bauern.

17 Weil der Rest nur 1; 2; 3; 4; 5 oder 6 sein kann. Dann muß er sich wiederholen, und damit beginnt die Periode.

18 Da die Ziffern nach dem Komma mit 2 beginnen, lautet die weitere Reihenfolge: 8 – 5 – 7 – 1 – 4. Für $\frac{16}{7}$ erhält man somit den Dezimalbruch $2{,}\overline{285714}$.

19 a) $6^2 \cdot 0{,}5\,\text{m} = 18\,\text{m}$ b) $6^2 \cdot 1\,\text{m} = 36\,\text{m}$.

20 $6 + 8 - 12 = 2$

21 Es ist nicht möglich, alle 7 Brücken in einem Zug zu überschreiten.

22 20 Wörter (gewöhnlich) kosten 3 M, 15 Wörter (dringend) 4,50 M.

23 Die Gleichung lautet: $y = x + 1$. Für $-3 \leqq x \leqq +3$ gilt: $-2 \leqq y \leqq +4$. In Tabellenform:

x	−3	−2	−1	0	+1	+2	+3
y	−2	−1	0	+1	+2	+3	+4

24 Weil sich die Schildkröte, während Achill von der 100- nach der 200-m-Marke läuft, nur um $\frac{1}{10}$ dieser Strecke bewegt, nämlich von 110 m nach 120 m.

25 Er bekam die Nr. 1 000 000, sein Nachbar 1 000 001.

26 Die nächsten Paare lauten $\left(11; -\frac{3}{1}\right)$ und $\left(12; \frac{4}{1}\right)$.

27 Etwa 4 600; denn 18,4 Trillionen Körner ergeben 920 Billiarden Gramm bzw. 920 Milliarden Tonnen, und

$$920\,000\,000\,000 : 200\,000\,000 = 4\,600.$$

Etwa vor ebensoviel Jahren wurde auf der Erde der erste Weizen angebaut, aber die Gesamterträge waren anfangs gegenüber den 200 Millionen Tonnen von 1950 aus begreiflichen Gründen um ein Vielfaches geringer.

NAMEN- UND SACHREGISTER

L. Euler (1707-1783)
P. de Fermat (1601-1665)
I. Newton (1643-1727)
C. F. Gauß (1777-18
J. Kepler (1571-1630)
F. Vieta (1540-1603)